한솔 완벽한 연산

수학은 마라톤입니다.
지금 여러분은 출발 지점에 서 있습니다.
초등학교 저학년 때는
수학 마라톤을 잘 하기 위해
기초 체력을 튼튼히 길러야 합니다.

한솔 완벽한 연산으로 시작하세요.
마라톤을 잘 뛸 수 있는 완벽한 연산 실력을 키워줍니다.

이 책이 궁금해요!

왜 완벽한 연산인가요?

기초 연산은 물론, 학교 연산까지 이 책 시리즈 하나면 완벽하게 끝나기 때문입니다. '한솔 완벽한 연산'은 하루 8쪽씩, 5일 동안 4주분을 학습하고, 마지막 주에는 학교 시험에 완벽하게 대비할 수 있도록 '연산 UP' 16쪽을 추가로 제공합니다.
매일 꾸준한 연습으로 연산 실력을 키우기에 충분한 학습량입니다.
'한솔 완벽한 연산' 하나면 기초 연산도 학교 연산도 완벽하게 대비할 수 있습니다.

몇 단계로 구성되고, 몇 학년이 풀 수 있나요?

모두 6단계로 구성되어 있습니다.
'한솔 완벽한 연산'은 한 단계가 1개 학년이 아닙니다. 연산의 기초 훈련이 가장 필요한 시기인 초등 2~3학년에 집중하여 여러 단계로 구성하였습니다.
이 시기에는 수학의 기초 체력을 튼튼히 길러야 하니까요.

단계	권장 학년	학습 내용
MA	6~7세	100까지의 수, 더하기와 빼기
MB	초등 1~2학년	한 자리 수의 덧셈, 두 자리 수의 덧셈
MC	초등 1~2학년	두 자리 수의 덧셈과 뺄셈
MD	초등 2~3학년	두·세 자리 수의 덧셈과 뺄셈
ME	초등 2~3학년	곱셈구구, (두·세 자리 수)×(한 자리 수), (두·세 자리 수)÷(한 자리 수)
MF	초등 3~4학년	(두·세 자리 수)×(두 자리 수), (두·세 자리 수)÷(두 자리 수), 분수·소수의 덧셈과 뺄셈

책 한 권은 어떻게 구성되어 있나요?

책 한 권은 모두 4주 학습으로 구성되어 있습니다.
한 주는 모두 40쪽으로 하루에 8쪽씩, 5일 동안 푸는 것을 권장합니다.
마지막 5주차에는 학교 시험에 대비할 수 있는 '연산 UP'을 학습합니다.

'한솔 완벽한 연산'도 매일매일 풀어야 하나요?

물론입니다. 매일매일 규칙적으로 연습을 해야 연산 능력이 향상되기 때문입니다.
월요일부터 금요일까지 매일 8쪽씩, 4주 동안 규칙적으로 풀고, 마지막 주에 '연산 UP' 16쪽을 다 풀면 한 권 학습이 끝납니다.
매일매일 푸는 습관이 잡히면 개인 진도에 따라 두 달에 3권을 푸는 것도 가능합니다.

하루 8쪽씩이라구요? 너무 많은 양 아닌가요?

'한솔 완벽한 연산'은 술술 풀면서 잘 넘어가는 학습지입니다.
공부하는 학생 입장에서는 빽빽한 문제를 4쪽 푸는 것보다 술술 넘어가는 문제를 8쪽 푸는 것이 훨씬 큰 성취감을 느낄 수 있습니다.
'한솔 완벽한 연산'은 학생의 연령을 고려해 쪽당 학습량을 전략적으로 구성했습니다. 그래서 학생이 부담을 덜 느끼면서 효과적으로 학습할 수 있습니다.

학교 진도와 맞추려면 어떻게 공부해야 하나요?

이 책은 한 권을 한 달 동안 푸는 것을 권장합니다.
각 단계별 학교 진도는 다음과 같습니다.

단계	MA	MB	MC	MD	ME	MF
권 수	8권	5권	7권	7권	7권	7권
학교 진도	초등 이전	초등 1학년	초등 2학년	초등 3학년	초등 3학년	초등 4학년

초등학교 1학년이 3월에 MB 단계부터 매달 1권씩 꾸준히 푼다고 한다면 2학년이 시작될 때 MD 단계를 풀게 되고, 3학년 때 MF 단계(4학년 과정)까지 마무리할 수 있습니다.
이 책 시리즈로 꼼꼼히 학습하게 되면 일반 방문학습지 못지 않게 충분한 연산 실력을 쌓게 되고 조금씩 다음 학년 진도까지 학습할 수 있다는 장점이 있습니다.
매일 꾸준히 성실하게 학습한다면 학년 구분 없이 원하는 진도를 스스로 계획하고 진행해 나갈 수 있습니다.

'연산 UP'은 어떻게 공부해야 하나요?

'연산 UP'은 4주 동안 훈련한 연산 능력을 확인하는 과정이자 학교에서 흔히 접하는 계산 유형 문제까지 접할 수 있는 코너입니다.
'연산 UP'의 구성은 다음과 같습니다.

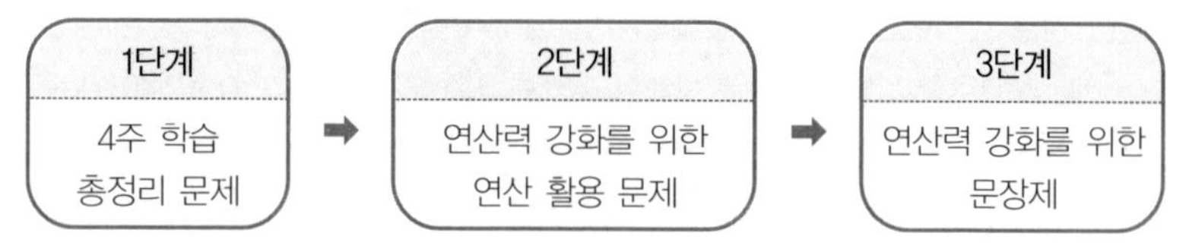

'연산 UP'은 모두 16쪽으로 구성되었으므로 하루 8쪽씩 2일 동안 학습하고, 다음 단계로 진행할 것을 권장합니다.

학습 구성

MA 6~7세

권	제목	주차별 학습 내용	
1	20까지의 수 1	1주	5까지의 수 (1)
		2주	5까지의 수 (2)
		3주	5까지의 수 (3)
		4주	10까지의 수
2	20까지의 수 2	1주	10까지의 수 (1)
		2주	10까지의 수 (2)
		3주	20까지의 수 (1)
		4주	20까지의 수 (2)
3	20까지의 수 3	1주	20까지의 수 (1)
		2주	20까지의 수 (2)
		3주	20까지의 수 (3)
		4주	20까지의 수 (4)
4	50까지의 수	1주	50까지의 수 (1)
		2주	50까지의 수 (2)
		3주	50까지의 수 (3)
		4주	50까지의 수 (4)
5	1000까지의 수	1주	100까지의 수 (1)
		2주	100까지의 수 (2)
		3주	100까지의 수 (3)
		4주	1000까지의 수
6	수 가르기와 모으기	1주	수 가르기 (1)
		2주	수 가르기 (2)
		3주	수 모으기 (1)
		4주	수 모으기 (2)
7	덧셈의 기초	1주	상황 속 덧셈
		2주	더하기 1
		3주	더하기 2
		4주	더하기 3
8	뺄셈의 기초	1주	상황 속 뺄셈
		2주	빼기 1
		3주	빼기 2
		4주	빼기 3

MB 초등 1 · 2학년 ①

권	제목	주차별 학습 내용	
1	덧셈 1	1주	받아올림이 없는 (한 자리 수)+(한 자리 수) (1)
		2주	받아올림이 없는 (한 자리 수)+(한 자리 수) (2)
		3주	받아올림이 없는 (한 자리 수)+(한 자리 수) (3)
		4주	받아올림이 없는 (두 자리 수)+(한 자리 수)
2	덧셈 2	1주	받아올림이 없는 (두 자리 수)+(한 자리 수)
		2주	받아올림이 있는 (한 자리 수)+(한 자리 수) (1)
		3주	받아올림이 있는 (한 자리 수)+(한 자리 수) (2)
		4주	받아올림이 있는 (한 자리 수)+(한 자리 수) (3)
3	뺄셈 1	1주	(한 자리 수)−(한 자리 수) (1)
		2주	(한 자리 수)−(한 자리 수) (2)
		3주	(한 자리 수)−(한 자리 수) (3)
		4주	받아내림이 없는 (두 자리 수)−(한 자리 수)
4	뺄셈 2	1주	받아내림이 없는 (두 자리 수)−(한 자리 수)
		2주	받아내림이 있는 (두 자리 수)−(한 자리 수) (1)
		3주	받아내림이 있는 (두 자리 수)−(한 자리 수) (2)
		4주	받아내림이 있는 (두 자리 수)−(한 자리 수) (3)
5	덧셈과 뺄셈의 완성	1주	(한 자리 수)+(한 자리 수), (한 자리 수)−(한 자리 수)
		2주	세 수의 덧셈, 세 수의 뺄셈 (1)
		3주	(한 자리 수)+(한 자리 수), (두 자리 수)−(한 자리 수)
		4주	세 수의 덧셈, 세 수의 뺄셈 (2)

MC 초등 1 · 2학년 ②

권	제목	주차별 학습 내용	
1	두 자리 수의 덧셈 1	1주	받아올림이 없는 (두 자리 수)+(한 자리 수)
		2주	몇십 만들기
		3주	받아올림이 있는 (두 자리 수)+(한 자리 수) (1)
		4주	받아올림이 있는 (두 자리 수)+(한 자리 수) (2)
2	두 자리 수의 덧셈 2	1주	받아올림이 없는 (두 자리 수)+(두 자리 수) (1)
		2주	받아올림이 없는 (두 자리 수)+(두 자리 수) (2)
		3주	받아올림이 없는 (두 자리 수)+(두 자리 수) (3)
		4주	받아올림이 없는 (두 자리 수)+(두 자리 수) (4)
3	두 자리 수의 덧셈 3	1주	받아올림이 있는 (두 자리 수)+(두 자리 수) (1)
		2주	받아올림이 있는 (두 자리 수)+(두 자리 수) (2)
		3주	받아올림이 있는 (두 자리 수)+(두 자리 수) (3)
		4주	받아올림이 있는 (두 자리 수)+(두 자리 수) (4)
4	두 자리 수의 뺄셈 1	1주	받아내림이 없는 (두 자리 수)−(한 자리 수)
		2주	몇십에서 빼기
		3주	받아내림이 있는 (두 자리 수)−(한 자리 수) (1)
		4주	받아내림이 있는 (두 자리 수)−(한 자리 수) (2)
5	두 자리 수의 뺄셈 2	1주	받아내림이 없는 (두 자리 수)−(두 자리 수) (1)
		2주	받아내림이 없는 (두 자리 수)−(두 자리 수) (2)
		3주	받아내림이 없는 (두 자리 수)−(두 자리 수) (3)
		4주	받아내림이 없는 (두 자리 수)−(두 자리 수) (4)
6	두 자리 수의 뺄셈 3	1주	받아내림이 있는 (두 자리 수)−(두 자리 수) (1)
		2주	받아내림이 있는 (두 자리 수)−(두 자리 수) (2)
		3주	받아내림이 있는 (두 자리 수)−(두 자리 수) (3)
		4주	받아내림이 있는 (두 자리 수)−(두 자리 수) (4)
7	덧셈과 뺄셈의 완성	1주	세 수의 덧셈
		2주	세 수의 뺄셈
		3주	(두 자리 수)+(한 자리 수), (두 자리 수)−(한 자리 수) 종합
		4주	(두 자리 수)+(두 자리 수), (두 자리 수)−(두 자리 수) 종합

MD 초등 2 · 3학년 ①

권	제목	주차별 학습 내용	
1	두 자리 수의 덧셈	1주	받아올림이 있는 (두 자리 수)+(두 자리 수) (1)
		2주	받아올림이 있는 (두 자리 수)+(두 자리 수) (2)
		3주	받아올림이 있는 (두 자리 수)+(두 자리 수) (3)
		4주	받아올림이 있는 (두 자리 수)+(두 자리 수) (4)
2	세 자리 수의 덧셈 1	1주	받아올림이 없는 (세 자리 수)+(두 자리 수)
		2주	받아올림이 있는 (세 자리 수)+(두 자리 수) (1)
		3주	받아올림이 있는 (세 자리 수)+(두 자리 수) (2)
		4주	받아올림이 있는 (세 자리 수)+(두 자리 수) (3)
3	세 자리 수의 덧셈 2	1주	받아올림이 있는 (세 자리 수)+(세 자리 수) (1)
		2주	받아올림이 있는 (세 자리 수)+(세 자리 수) (2)
		3주	받아올림이 있는 (세 자리 수)+(세 자리 수) (3)
		4주	받아올림이 있는 (세 자리 수)+(세 자리 수) (4)
4	두·세 자리 수의 뺄셈	1주	받아내림이 있는 (두 자리 수)−(두 자리 수) (1)
		2주	받아내림이 있는 (두 자리 수)−(두 자리 수) (2)
		3주	받아내림이 있는 (두 자리 수)−(두 자리 수) (3)
		4주	받아내림이 없는 (세 자리 수)−(두 자리 수)
5	세 자리 수의 뺄셈 1	1주	받아내림이 있는 (세 자리 수)−(두 자리 수) (1)
		2주	받아내림이 있는 (세 자리 수)−(두 자리 수) (2)
		3주	받아내림이 있는 (세 자리 수)−(두 자리 수) (3)
		4주	받아내림이 있는 (세 자리 수)−(두 자리 수) (4)
6	세 자리 수의 뺄셈 2	1주	받아내림이 있는 (세 자리 수)−(세 자리 수) (1)
		2주	받아내림이 있는 (세 자리 수)−(세 자리 수) (2)
		3주	받아내림이 있는 (세 자리 수)−(세 자리 수) (3)
		4주	받아내림이 있는 (세 자리 수)−(세 자리 수) (4)
7	덧셈과 뺄셈의 완성	1주	덧셈의 완성 (1)
		2주	덧셈의 완성 (2)
		3주	뺄셈의 완성 (1)
		4주	뺄셈의 완성 (2)

ME 초등 2 · 3학년 ②

권	제목	주차별 학습 내용	
1	곱셈구구	1주	곱셈구구 (1)
		2주	곱셈구구 (2)
		3주	곱셈구구 (3)
		4주	곱셈구구 (4)
2	(두 자리 수)×(한 자리 수) 1	1주	곱셈구구 종합
		2주	(두 자리 수)×(한 자리 수) (1)
		3주	(두 자리 수)×(한 자리 수) (2)
		4주	(두 자리 수)×(한 자리 수) (3)
3	(두 자리 수)×(한 자리 수) 2	1주	(두 자리 수)×(한 자리 수) (1)
		2주	(두 자리 수)×(한 자리 수) (2)
		3주	(두 자리 수)×(한 자리 수) (3)
		4주	(두 자리 수)×(한 자리 수) (4)
4	(세 자리 수)×(한 자리 수)	1주	(세 자리 수)×(한 자리 수) (1)
		2주	(세 자리 수)×(한 자리 수) (2)
		3주	(세 자리 수)×(한 자리 수) (3)
		4주	곱셈 종합
5	(두 자리 수)÷(한 자리 수) 1	1주	나눗셈의 기초 (1)
		2주	나눗셈의 기초 (2)
		3주	나눗셈의 기초 (3)
		4주	(두 자리 수)÷(한 자리 수)
6	(두 자리 수)÷(한 자리 수) 2	1주	(두 자리 수)÷(한 자리 수) (1)
		2주	(두 자리 수)÷(한 자리 수) (2)
		3주	(두 자리 수)÷(한 자리 수) (3)
		4주	(두 자리 수)÷(한 자리 수) (4)
7	(두·세 자리 수)÷(한 자리 수)	1주	(두 자리 수)÷(한 자리 수) (1)
		2주	(두 자리 수)÷(한 자리 수) (2)
		3주	(세 자리 수)÷(한 자리 수) (1)
		4주	(세 자리 수)÷(한 자리 수) (2)

MF 초등 3 · 4학년

권	제목	주차별 학습 내용	
1	(두 자리 수)×(두 자리 수)	1주	(두 자리 수)×(한 자리 수)
		2주	(두 자리 수)×(두 자리 수) (1)
		3주	(두 자리 수)×(두 자리 수) (2)
		4주	(두 자리 수)×(두 자리 수) (3)
2	(두·세 자리 수)×(두 자리 수)	1주	(두 자리 수)×(두 자리 수)
		2주	(세 자리 수)×(두 자리 수) (1)
		3주	(세 자리 수)×(두 자리 수) (2)
		4주	곱셈의 완성
3	(두 자리 수)÷(두 자리 수)	1주	(두 자리 수)÷(두 자리 수) (1)
		2주	(두 자리 수)÷(두 자리 수) (2)
		3주	(두 자리 수)÷(두 자리 수) (3)
		4주	(두 자리 수)÷(두 자리 수) (4)
4	(세 자리 수)÷(두 자리 수)	1주	(세 자리 수)÷(두 자리 수) (1)
		2주	(세 자리 수)÷(두 자리 수) (2)
		3주	(세 자리 수)÷(두 자리 수) (3)
		4주	나눗셈의 완성
5	혼합 계산	1주	혼합 계산 (1)
		2주	혼합 계산 (2)
		3주	혼합 계산 (3)
		4주	곱셈과 나눗셈, 혼합 계산 총정리
6	분수의 덧셈과 뺄셈	1주	분수의 덧셈 (1)
		2주	분수의 덧셈 (2)
		3주	분수의 뺄셈 (1)
		4주	분수의 뺄셈 (2)
7	소수의 덧셈과 뺄셈	1주	분수의 덧셈과 뺄셈
		2주	소수의 기초, 소수의 덧셈과 뺄셈 (1)
		3주	소수의 덧셈과 뺄셈 (2)
		4주	소수의 덧셈과 뺄셈 (3)

주별 학습 내용 MF단계 ❸권

(두 자리 수)÷(두 자리 수) (1)

요일	교재 번호	학습한 날짜	확인
1일차(월)	01~08	월 일	
2일차(화)	09~16	월 일	
3일차(수)	17~24	월 일	
4일차(목)	25~32	월 일	
5일차(금)	33~40	월 일	

● 나눗셈을 하시오.

(1) $3 \overline{)27}$

(2) $2 \overline{)19}$

(3) $4 \overline{)54}$

(4) $8 \overline{)62}$

(5) $6 \overline{)43}$

(6) $7 \overline{)58}$

(7) $2 \overline{)86}$

(8) $5 \overline{)73}$

(9)

$$8 \overline{)37}$$

(10)

$$3 \overline{)29}$$

(11)

$$2 \overline{)48}$$

(12)

$$6 \overline{)85}$$

(13)

$$5 \overline{)17}$$

(14)

$$4 \overline{)53}$$

(15)

$$9 \overline{)76}$$

(16)

$$7 \overline{)64}$$

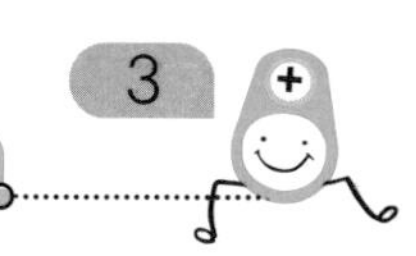

● |보기|와 같이 나눗셈을 하시오.

|보기|

$$\begin{array}{r} 2 \\ 11\overline{)22} \\ \underline{22} \\ 0 \end{array}$$

(1) $10\overline{)20}$

(2) $10\overline{)30}$

(3) $10\overline{)60}$

(4) $12\overline{)36}$

(5) $13\overline{)26}$

(6) $14\overline{)42}$

(7) $12\overline{)84}$

(8)

$10\overline{)70}$

(9)

$15\overline{)30}$

(10)

$13\overline{)91}$

(11)

$15\overline{)45}$

(12)

$16\overline{)64}$

(13)

$17\overline{)34}$

(14)

$19\overline{)76}$

(15)

$24\overline{)48}$

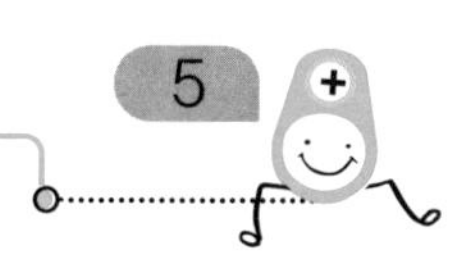

● 나눗셈을 하시오.

(1)

$12\overline{)24}$

(2)

$15\overline{)60}$

(3)

$11\overline{)44}$

(4)

$42\overline{)84}$

(5)

$20\overline{)60}$

(6)

$13\overline{)39}$

(7)

$14\overline{)70}$

(8)

$14\overline{)56}$

(9)

$10\overline{)50}$

(10)

$11\overline{)55}$

(11)

$40\overline{)80}$

(12)

$32\overline{)64}$

(13)

$12\overline{)48}$

(14)

$14\overline{)28}$

(15)

$11\overline{)77}$

(16)

$26\overline{)78}$

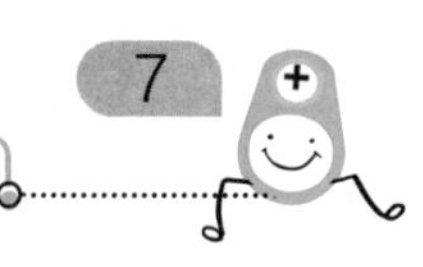

● 나눗셈을 하시오.

(1) $11 \overline{)33}$ 몫: 3

(2) $25 \overline{)75}$ 몫: □

(3) $16 \overline{)80}$ 몫: □

(4) $44 \overline{)88}$ 몫: □

(5) $18 \overline{)36}$

(6) $17 \overline{)68}$

(7) $49 \overline{)98}$

(8) $18 \overline{)72}$

Talk

$$\begin{array}{r} 3 \\ 11 \overline{)33} \\ 33 \\ \hline 0 \end{array}$$

→ 계산 과정을 쓰지 않고 바로 몫을 구하는 연습을 합니다.

(9)

$17\overline{)51}$

(10)

$16\overline{)32}$

(11)

$36\overline{)72}$

(12)

$11\overline{)66}$

(13)

$32\overline{)96}$

(14)

$17\overline{)85}$

(15)

$18\overline{)54}$

(16)

$45\overline{)90}$

● 나눗셈을 하시오.

(1)

$$23 \overline{)\,23}$$

(5)

$$20 \overline{)\,80}$$

(2)

$$30 \overline{)\,60}$$

(6)

$$19 \overline{)\,38}$$

(3)

$$18 \overline{)\,90}$$

(7)

$$22 \overline{)\,88}$$

(4)

$$21 \overline{)\,63}$$

(8)

$$22 \overline{)\,44}$$

(9)

$$23\overline{)69}$$

(10)

$$21\overline{)84}$$

(11)

$$12\overline{)72}$$

(12)

$$25\overline{)50}$$

(13)

$$21\overline{)42}$$

(14)

$$22\overline{)66}$$

(15)

$$19\overline{)95}$$

(16)

$$30\overline{)90}$$

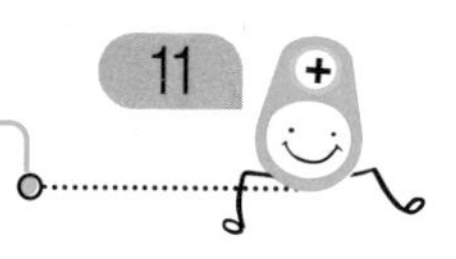

● |보기|와 같이 나눗셈을 하시오.

보기

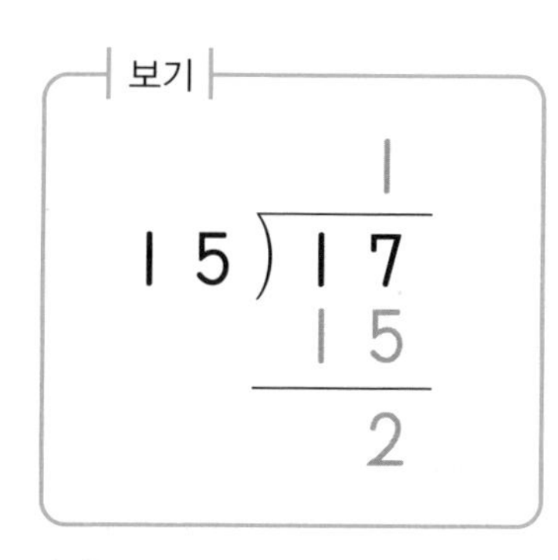

(1)

$31\overline{)35}$

(2)

$13\overline{)27}$

(3)

$15\overline{)71}$

(4)

$25\overline{)51}$

(5)

$21\overline{)65}$

(6)

$42\overline{)48}$

(7)

$40\overline{)81}$

Talk 나머지가 있는 나눗셈에서 나머지는 나누는 수보다 항상 작아야 하는 것에 주의하여 몫과 나머지를 구합니다.

(8)

$15\overline{)35}$

(9)

$50\overline{)55}$

(10)

$12\overline{)29}$

(11)

$13\overline{)83}$

(12)

$11\overline{)34}$

(13)

$14\overline{)37}$

(14)

$18\overline{)67}$

(15)

$58\overline{)74}$

● 나눗셈을 하시오.

(1)

$22 \overline{)25}$

(2)

$11 \overline{)46}$

(3)

$30 \overline{)69}$

(4)

$43 \overline{)47}$

(5)

$16 \overline{)40}$

(6)

$12 \overline{)37}$

(7)

$11 \overline{)61}$

(8)

$35 \overline{)75}$

(9)

$11\overline{)25}$

(10)

$21\overline{)45}$

(11)

$24\overline{)49}$

(12)

$16\overline{)39}$

(13)

$32\overline{)54}$

(14)

$11\overline{)63}$

(15)

$61\overline{)68}$

(16)

$12\overline{)74}$

● 나눗셈을 하시오.

(1) $22\overline{)46}$ ⋯ 몫 2 ⋯ 나머지 2

(2) $35\overline{)37}$ □ ⋯ □

(3) $26\overline{)53}$ □ ⋯ □

(4) $12\overline{)53}$ □ ⋯ □

(5) $11\overline{)29}$

(6) $13\overline{)43}$

(7) $13\overline{)16}$

(8) $31\overline{)65}$

Talk 계산 과정을 쓰지 않고 바로 몫과 나머지를 구하는 연습을 합니다.

(9)

$$15\overline{)28}$$

(10)

$$11\overline{)57}$$

(11)

$$23\overline{)47}$$

(12)

$$32\overline{)66}$$

(13)

$$16\overline{)38}$$

(14)

$$14\overline{)44}$$

(15)

$$53\overline{)63}$$

(16)

$$14\overline{)85}$$

● 나눗셈을 하시오.

(1)

$24\overline{)38}$

(2)

$13\overline{)33}$

(3)

$17\overline{)73}$

(4)

$26\overline{)56}$

(5)

$16\overline{)58}$

(6)

$11\overline{)23}$

(7)

$43\overline{)62}$

(8)

$32\overline{)67}$

(9)

$16\overline{)47}$

(10)

$15\overline{)69}$

(11)

$34\overline{)73}$

(12)

$54\overline{)57}$

(13)

$33\overline{)52}$

(14)

$20\overline{)43}$

(15)

$28\overline{)82}$

(16)

$11\overline{)92}$

● 나눗셈을 하시오.

(1)

$15 \overline{)41}$

(2)

$12 \overline{)41}$

(3)

$25 \overline{)34}$

(4)

$23 \overline{)55}$

(5)

$34 \overline{)71}$

(6)

$44 \overline{)52}$

(7)

$14 \overline{)62}$

(8)

$25 \overline{)61}$

(9)

$$22\overline{)49}$$

(10)

$$38\overline{)67}$$

(11)

$$18\overline{)43}$$

(12)

$$12\overline{)81}$$

(13)

$$34\overline{)42}$$

(14)

$$13\overline{)76}$$

(15)

$$29\overline{)72}$$

(16)

$$33\overline{)84}$$

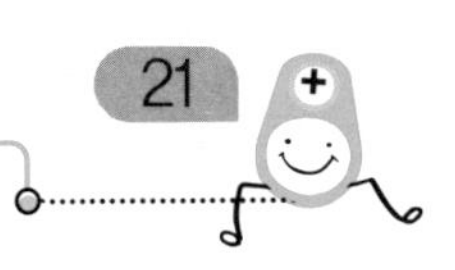

● 나눗셈을 하시오.

(1)

$21 \overline{)\,33}$

(2)

$32 \overline{)\,68}$

(3)

$17 \overline{)\,39}$

(4)

$13 \overline{)\,64}$

(5)

$17 \overline{)\,77}$

(6)

$15 \overline{)\,62}$

(7)

$24 \overline{)\,64}$

(8)

$41 \overline{)\,55}$

(9)

$20\overline{)41}$

(10)

$51\overline{)64}$

(11)

$16\overline{)93}$

(12)

$33\overline{)69}$

(13)

$32\overline{)43}$

(14)

$22\overline{)54}$

(15)

$31\overline{)82}$

(16)

$11\overline{)87}$

● 나눗셈을 하시오.

(1)

$42\overline{)92}$

(2)

$37\overline{)62}$

(3)

$14\overline{)59}$

(4)

$18\overline{)47}$

(5)

$24\overline{)85}$

(6)

$22\overline{)57}$

(7)

$72\overline{)88}$

(8)

$36\overline{)92}$

(9)

$33\overline{)54}$

(10)

$15\overline{)86}$

(11)

$35\overline{)45}$

(12)

$31\overline{)74}$

(13)

$24\overline{)62}$

(14)

$27\overline{)67}$

(15)

$11\overline{)98}$

(16)

$45\overline{)94}$

● 나눗셈을 하시오.

(1)

$17\overline{)28}$

(2)

$14\overline{)40}$

(3)

$19\overline{)79}$

(4)

$37\overline{)49}$

(5)

$21\overline{)58}$

(6)

$22\overline{)77}$

(7)

$33\overline{)76}$

(8)

$28\overline{)68}$

(9)

$$12\overline{)32}$$

(10)

$$18\overline{)27}$$

(11)

$$13\overline{)88}$$

(12)

$$33\overline{)75}$$

(13)

$$12\overline{)69}$$

(14)

$$38\overline{)81}$$

(15)

$$17\overline{)43}$$

(16)

$$48\overline{)87}$$

● 나눗셈을 하시오.

(1)

$28\overline{)52}$

(5)

$18\overline{)65}$

(2)

$16\overline{)75}$

(6)

$16\overline{)22}$

(3)

$19\overline{)44}$

(7)

$15\overline{)51}$

(4)

$15\overline{)81}$

(8)

$12\overline{)79}$

(9)

$31 \overline{)\,44}$

(10)

$17 \overline{)\,58}$

(11)

$21 \overline{)\,53}$

(12)

$18 \overline{)\,81}$

(13)

$14 \overline{)\,31}$

(14)

$23 \overline{)\,61}$

(15)

$13 \overline{)\,73}$

(16)

$12 \overline{)\,97}$

● 나눗셈을 하시오.

(1)

$23\overline{)32}$

(2)

$12\overline{)64}$

(3)

$19\overline{)51}$

(4)

$18\overline{)92}$

(5)

$22\overline{)72}$

(6)

$28\overline{)63}$

(7)

$15\overline{)66}$

(8)

$16\overline{)89}$

(9)

$$18\overline{)41}$$

(10)

$$12\overline{)42}$$

(11)

$$31\overline{)91}$$

(12)

$$21\overline{)79}$$

(13)

$$53\overline{)62}$$

(14)

$$21\overline{)86}$$

(15)

$$24\overline{)59}$$

(16)

$$10\overline{)96}$$

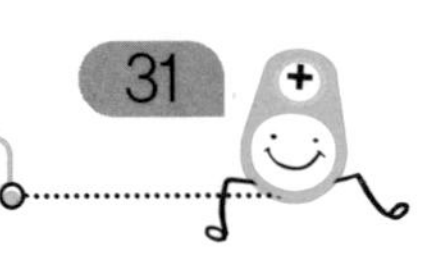

● 나눗셈을 하시오.

(1)

$14\overline{)50}$

(2)

$19\overline{)23}$

(3)

$18\overline{)77}$

(4)

$13\overline{)85}$

(5)

$38\overline{)70}$

(6)

$15\overline{)43}$

(7)

$12\overline{)61}$

(8)

$16\overline{)68}$

(9)

$$30\overline{)57}$$

(10)

$$19\overline{)99}$$

(11)

$$13\overline{)80}$$

(12)

$$16\overline{)83}$$

(13)

$$29\overline{)66}$$

(14)

$$14\overline{)75}$$

(15)

$$35\overline{)76}$$

(16)

$$13\overline{)94}$$

● 나눗셈을 하시오.

(1)

$14\overline{)20}$

(5)

$22\overline{)70}$

(2)

$11\overline{)62}$

(6)

$24\overline{)74}$

(3)

$17\overline{)36}$

(7)

$26\overline{)83}$

(4)

$11\overline{)48}$

(8)

$18\overline{)89}$

(9)

$16\overline{)41}$

(10)

$17\overline{)54}$

(11)

$17\overline{)78}$

(12)

$14\overline{)81}$

(13)

$27\overline{)31}$

(14)

$12\overline{)53}$

(15)

$13\overline{)29}$

(16)

$20\overline{)93}$

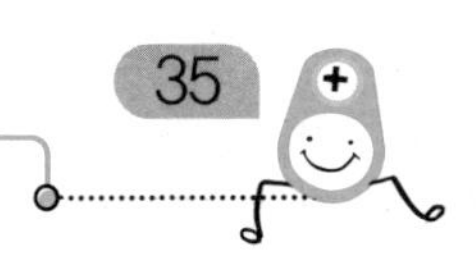

● 나눗셈을 하시오.

(1)

$13\overline{)61}$

(2)

$24\overline{)54}$

(3)

$13\overline{)72}$

(4)

$14\overline{)87}$

(5)

$44\overline{)85}$

(6)

$26\overline{)71}$

(7)

$11\overline{)38}$

(8)

$17\overline{)95}$

(9)

$$16\overline{)36}$$

(10)

$$14\overline{)47}$$

(11)

$$17\overline{)88}$$

(12)

$$21\overline{)74}$$

(13)

$$64\overline{)89}$$

(14)

$$19\overline{)82}$$

(15)

$$29\overline{)73}$$

(16)

$$12\overline{)95}$$

● 나눗셈을 하시오.

(1)

$67 \overline{)71}$

(2)

$18 \overline{)38}$

(3)

$12 \overline{)98}$

(4)

$14 \overline{)65}$

(5)

$28 \overline{)93}$

(6)

$11 \overline{)52}$

(7)

$36 \overline{)83}$

(8)

$24 \overline{)97}$

(9)

$86\overline{)91}$

(10)

$17\overline{)75}$

(11)

$15\overline{)78}$

(12)

$10\overline{)98}$

(13)

$41\overline{)87}$

(14)

$12\overline{)39}$

(15)

$31\overline{)78}$

(16)

$16\overline{)87}$

● 나눗셈을 하시오.

(1)

$14\overline{)45}$

(2)

$12\overline{)26}$

(3)

$37\overline{)46}$

(4)

$18\overline{)86}$

(5)

$25\overline{)77}$

(6)

$21\overline{)94}$

(7)

$18\overline{)61}$

(8)

$32\overline{)99}$

(9)

$$35\overline{)56}$$

(10)

$$19\overline{)46}$$

(11)

$$18\overline{)84}$$

(12)

$$16\overline{)77}$$

(13)

$$44\overline{)94}$$

(14)

$$16\overline{)57}$$

(15)

$$12\overline{)71}$$

(16)

$$17\overline{)91}$$

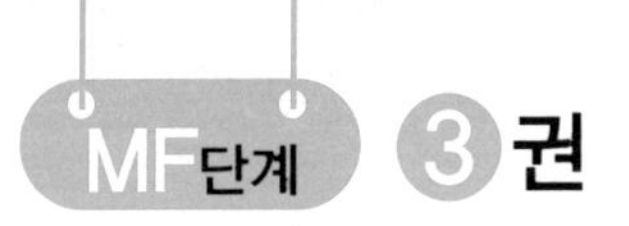

(두 자리 수) ÷ (두 자리 수) (2)

요일	교재 번호	학습한 날짜	확인
1일차(월)	01~08	월 일	
2일차(화)	09~16	월 일	
3일차(수)	17~24	월 일	
4일차(목)	25~32	월 일	
5일차(금)	33~40	월 일	

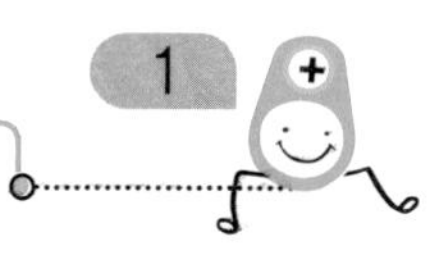

● 나눗셈을 하시오.

(1)

$11 \overline{)20}$

(2)

$12 \overline{)33}$

(3)

$13 \overline{)41}$

(4)

$14 \overline{)65}$

(5)

$15 \overline{)53}$

(6)

$16 \overline{)65}$

(7)

$17 \overline{)87}$

(8)

$18 \overline{)92}$

(9)

$$12\overline{)42}$$

(10)

$$14\overline{)71}$$

(11)

$$16\overline{)33}$$

(12)

$$18\overline{)58}$$

(13)

$$13\overline{)83}$$

(14)

$$15\overline{)82}$$

(15)

$$17\overline{)35}$$

(16)

$$19\overline{)72}$$

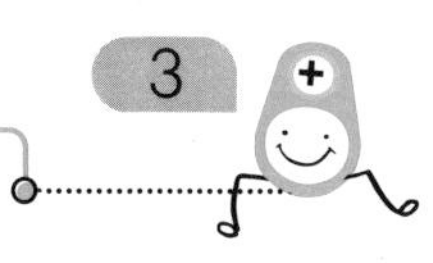

● 나눗셈을 하시오.

(1)

$21\overline{)30}$

(2)

$22\overline{)41}$

(3)

$23\overline{)62}$

(4)

$24\overline{)59}$

(5)

$25\overline{)71}$

(6)

$26\overline{)54}$

(7)

$27\overline{)84}$

(8)

$28\overline{)95}$

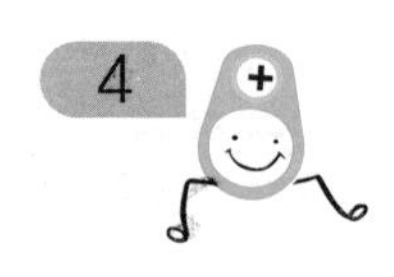

(9)

$23\overline{)61}$

(10)

$25\overline{)83}$

(11)

$21\overline{)67}$

(12)

$27\overline{)56}$

(13)

$26\overline{)42}$

(14)

$24\overline{)75}$

(15)

$28\overline{)91}$

(16)

$29\overline{)73}$

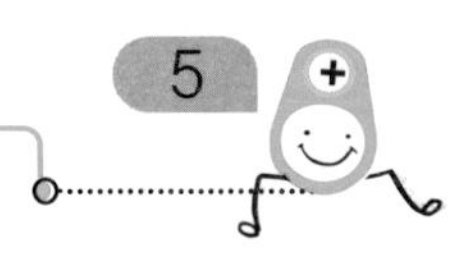

● 나눗셈을 하시오.

(1)

$31\overline{)52}$

(5)

$35\overline{)61}$

(2)

$32\overline{)68}$

(6)

$36\overline{)77}$

(3)

$33\overline{)72}$

(7)

$37\overline{)86}$

(4)

$34\overline{)83}$

(8)

$38\overline{)94}$

(9)

$34\overline{)42}$

(10)

$32\overline{)53}$

(11)

$35\overline{)82}$

(12)

$36\overline{)51}$

(13)

$31\overline{)74}$

(14)

$37\overline{)69}$

(15)

$39\overline{)95}$

(16)

$38\overline{)78}$

● 나눗셈을 하시오.

(1)

$41 \overline{)53}$

(2)

$42 \overline{)60}$

(3)

$43 \overline{)74}$

(4)

$44 \overline{)81}$

(5)

$45 \overline{)78}$

(6)

$46 \overline{)82}$

(7)

$47 \overline{)96}$

(8)

$48 \overline{)97}$

(9)

$43\overline{)89}$

(10)

$45\overline{)62}$

(11)

$42\overline{)73}$

(12)

$47\overline{)95}$

(13)

$41\overline{)76}$

(14)

$48\overline{)63}$

(15)

$46\overline{)56}$

(16)

$49\overline{)82}$

● 나눗셈을 하시오.

(1) $51\overline{)60}$

(2) $52\overline{)79}$

(3) $53\overline{)86}$

(4) $54\overline{)93}$

(5) $55\overline{)68}$

(6) $56\overline{)74}$

(7) $57\overline{)99}$

(8) $58\overline{)84}$

(9)

$52\overline{)78}$

(10)

$54\overline{)62}$

(11)

$56\overline{)94}$

(12)

$58\overline{)71}$

(13)

$53\overline{)96}$

(14)

$51\overline{)83}$

(15)

$55\overline{)76}$

(16)

$59\overline{)85}$

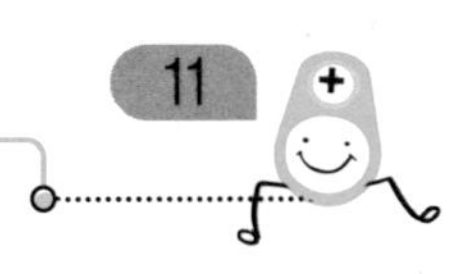

● 나눗셈을 하시오.

(1)

$61\overline{)70}$

(2)

$62\overline{)81}$

(3)

$63\overline{)87}$

(4)

$64\overline{)94}$

(5)

$65\overline{)74}$

(6)

$66\overline{)83}$

(7)

$67\overline{)92}$

(8)

$68\overline{)99}$

(9)

$62\overline{)79}$

(10)

$65\overline{)92}$

(11)

$61\overline{)83}$

(12)

$67\overline{)75}$

(13)

$63\overline{)74}$

(14)

$62\overline{)96}$

(15)

$66\overline{)91}$

(16)

$68\overline{)82}$

● 나눗셈을 하시오.

(1)

$71\overline{)80}$

(2)

$72\overline{)82}$

(3)

$73\overline{)91}$

(4)

$74\overline{)89}$

(5)

$75\overline{)79}$

(6)

$76\overline{)96}$

(7)

$77\overline{)86}$

(8)

$78\overline{)94}$

(9)

$75\overline{)81}$

(10)

$73\overline{)90}$

(11)

$76\overline{)94}$

(12)

$77\overline{)88}$

(13)

$72\overline{)89}$

(14)

$74\overline{)99}$

(15)

$78\overline{)92}$

(16)

$79\overline{)90}$

● 나눗셈을 하시오.

(1)

$81\overline{)90}$

(2)

$82\overline{)89}$

(3)

$83\overline{)94}$

(4)

$84\overline{)99}$

(5)

$85\overline{)91}$

(6)

$86\overline{)95}$

(7)

$87\overline{)92}$

(8)

$88\overline{)96}$

(9)

$82\overline{)90}$

(10)

$85\overline{)99}$

(11)

$88\overline{)91}$

(12)

$81\overline{)87}$

(13)

$86\overline{)96}$

(14)

$83\overline{)98}$

(15)

$84\overline{)95}$

(16)

$87\overline{)97}$

● 나눗셈을 하시오.

(1)

$12\overline{)31}$

(5)

$18\overline{)73}$

(2)

$13\overline{)45}$

(6)

$16\overline{)89}$

(3)

$14\overline{)57}$

(7)

$17\overline{)66}$

(4)

$15\overline{)62}$

(8)

$19\overline{)72}$

(9)

$22 \overline{)54}$

(10)

$25 \overline{)63}$

(11)

$24 \overline{)77}$

(12)

$26 \overline{)81}$

(13)

$23 \overline{)71}$

(14)

$27 \overline{)86}$

(15)

$28 \overline{)69}$

(16)

$29 \overline{)93}$

● 나눗셈을 하시오.

(1)

$23\overline{)44}$

(5)

$22\overline{)72}$

(2)

$24\overline{)68}$

(6)

$27\overline{)97}$

(3)

$21\overline{)82}$

(7)

$26\overline{)64}$

(4)

$27\overline{)56}$

(8)

$28\overline{)83}$

(9)

$31 \overline{)57}$

(10)

$33 \overline{)76}$

(11)

$35 \overline{)81}$

(12)

$37 \overline{)63}$

(13)

$32 \overline{)78}$

(14)

$36 \overline{)92}$

(15)

$34 \overline{)85}$

(16)

$38 \overline{)94}$

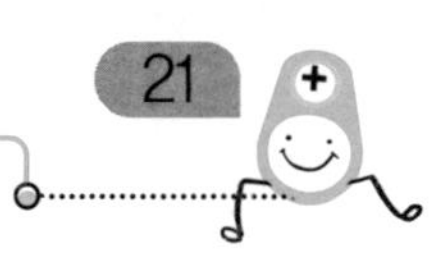

● 나눗셈을 하시오.

(1)

$23\overline{)56}$

(5)

$22\overline{)82}$

(2)

$26\overline{)69}$

(6)

$27\overline{)92}$

(3)

$28\overline{)87}$

(7)

$24\overline{)73}$

(4)

$25\overline{)92}$

(8)

$29\overline{)99}$

(9)

$$31\overline{)64}$$

(10)

$$33\overline{)75}$$

(11)

$$37\overline{)82}$$

(12)

$$36\overline{)94}$$

(13)

$$32\overline{)70}$$

(14)

$$34\overline{)91}$$

(15)

$$35\overline{)86}$$

(16)

$$38\overline{)99}$$

● 나눗셈을 하시오.

(1)

$32\overline{)52}$

(5)

$34\overline{)69}$

(2)

$35\overline{)67}$

(6)

$38\overline{)78}$

(3)

$31\overline{)73}$

(7)

$33\overline{)81}$

(4)

$36\overline{)84}$

(8)

$39\overline{)92}$

(9)

$41\overline{)63}$

(10)

$43\overline{)78}$

(11)

$45\overline{)82}$

(12)

$47\overline{)96}$

(13)

$42\overline{)50}$

(14)

$44\overline{)96}$

(15)

$46\overline{)93}$

(16)

$48\overline{)87}$

● 나눗셈을 하시오.

(1)

$35\overline{)63}$

(5)

$36\overline{)81}$

(2)

$34\overline{)72}$

(6)

$37\overline{)75}$

(3)

$32\overline{)86}$

(7)

$38\overline{)84}$

(4)

$33\overline{)91}$

(8)

$39\overline{)98}$

(9)

$41\overline{)65}$

(10)

$42\overline{)89}$

(11)

$45\overline{)76}$

(12)

$47\overline{)98}$

(13)

$43\overline{)87}$

(14)

$44\overline{)91}$

(15)

$46\overline{)85}$

(16)

$48\overline{)99}$

● 나눗셈을 하시오.

(1)

$43\overline{)54}$

(5)

$42\overline{)91}$

(2)

$46\overline{)63}$

(6)

$48\overline{)74}$

(3)

$41\overline{)78}$

(7)

$49\overline{)82}$

(4)

$45\overline{)84}$

(8)

$47\overline{)97}$

(9)

$51\overline{)66}$

(10)

$54\overline{)78}$

(11)

$57\overline{)98}$

(12)

$52\overline{)81}$

(13)

$55\overline{)92}$

(14)

$58\overline{)83}$

(15)

$53\overline{)72}$

(16)

$59\overline{)94}$

● 나눗셈을 하시오.

(1)

$44\overline{)62}$

(2)

$57\overline{)78}$

(3)

$63\overline{)86}$

(4)

$72\overline{)92}$

(5)

$65\overline{)76}$

(6)

$76\overline{)81}$

(7)

$82\overline{)94}$

(8)

$91\overline{)99}$

(9)

$52 \overline{)\,63}$

(10)

$66 \overline{)\,74}$

(11)

$74 \overline{)\,82}$

(12)

$81 \overline{)\,94}$

(13)

$71 \overline{)\,81}$

(14)

$85 \overline{)\,92}$

(15)

$67 \overline{)\,85}$

(16)

$93 \overline{)\,97}$

● 나눗셈을 하시오.

(1)

$56\overline{)72}$

(2)

$73\overline{)81}$

(3)

$68\overline{)83}$

(4)

$89\overline{)93}$

(5)

$62\overline{)83}$

(6)

$77\overline{)94}$

(7)

$84\overline{)87}$

(8)

$92\overline{)99}$

(9)

$$64\overline{)81}$$

(10)

$$72\overline{)94}$$

(11)

$$96\overline{)98}$$

(12)

$$83\overline{)88}$$

(13)

$$93\overline{)99}$$

(14)

$$78\overline{)87}$$

(15)

$$56\overline{)74}$$

(16)

$$69\overline{)82}$$

● 나눗셈을 하시오.

(1)

$16\overline{)83}$

(2)

$25\overline{)54}$

(3)

$36\overline{)78}$

(4)

$42\overline{)61}$

(5)

$51\overline{)87}$

(6)

$64\overline{)83}$

(7)

$73\overline{)92}$

(8)

$81\overline{)99}$

(9)

$24 \overline{)62}$

(10)

$35 \overline{)74}$

(11)

$43 \overline{)88}$

(12)

$57 \overline{)72}$

(13)

$19 \overline{)77}$

(14)

$68 \overline{)82}$

(15)

$71 \overline{)92}$

(16)

$84 \overline{)96}$

● 나눗셈을 하시오.

(1)

$15\overline{)84}$

(2)

$21\overline{)73}$

(3)

$44\overline{)93}$

(4)

$37\overline{)89}$

(5)

$53\overline{)62}$

(6)

$76\overline{)83}$

(7)

$65\overline{)78}$

(8)

$86\overline{)94}$

(9)

$$31 \overline{)74}$$

(10)

$$46 \overline{)93}$$

(11)

$$23 \overline{)75}$$

(12)

$$61 \overline{)83}$$

(13)

$$13 \overline{)84}$$

(14)

$$87 \overline{)96}$$

(15)

$$54 \overline{)72}$$

(16)

$$79 \overline{)95}$$

● 나눗셈을 하시오.

(1)

$14\overline{)82}$

(2)

$26\overline{)94}$

(3)

$55\overline{)73}$

(4)

$41\overline{)86}$

(5)

$39\overline{)83}$

(6)

$62\overline{)75}$

(7)

$75\overline{)81}$

(8)

$88\overline{)93}$

(9)

$21\overline{)64}$

(10)

$45\overline{)92}$

(11)

$33\overline{)97}$

(12)

$58\overline{)81}$

(13)

$66\overline{)94}$

(14)

$86\overline{)89}$

(15)

$74\overline{)88}$

(16)

$18\overline{)95}$

● 나눗셈을 하시오.

(1)

$32\overline{)97}$

(2)

$53\overline{)84}$

(3)

$17\overline{)86}$

(4)

$47\overline{)99}$

(5)

$61\overline{)76}$

(6)

$22\overline{)91}$

(7)

$77\overline{)84}$

(8)

$83\overline{)95}$

(9)

$$25\overline{)82}$$

(10)

$$48\overline{)99}$$

(11)

$$55\overline{)68}$$

(12)

$$12\overline{)95}$$

(13)

$$34\overline{)74}$$

(14)

$$87\overline{)92}$$

(15)

$$72\overline{)83}$$

(16)

$$63\overline{)84}$$

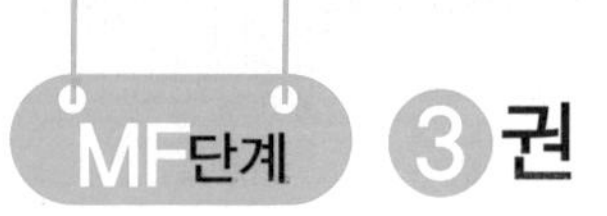

(두 자리 수) ÷ (두 자리 수) (3)

요일	교재 번호	학습한 날짜	확인
1일차(월)	01~08	월 일	
2일차(화)	09~16	월 일	
3일차(수)	17~24	월 일	
4일차(목)	25~32	월 일	
5일차(금)	33~40	월 일	

● 나눗셈을 하시오.

(1)

$13\overline{)20}$

(2)

$16\overline{)30}$

(3)

$12\overline{)40}$

(4)

$15\overline{)50}$

(5)

$14\overline{)60}$

(6)

$17\overline{)70}$

(7)

$18\overline{)80}$

(8)

$11\overline{)90}$

(9)

$$12\overline{)30}$$

(10)

$$11\overline{)40}$$

(11)

$$13\overline{)50}$$

(12)

$$17\overline{)60}$$

(13)

$$19\overline{)70}$$

(14)

$$15\overline{)80}$$

(15)

$$13\overline{)70}$$

(16)

$$14\overline{)90}$$

● 나눗셈을 하시오.

(1)

$13\overline{)40}$

(2)

$11\overline{)30}$

(3)

$18\overline{)50}$

(4)

$15\overline{)40}$

(5)

$12\overline{)70}$

(6)

$19\overline{)60}$

(7)

$14\overline{)80}$

(8)

$17\overline{)90}$

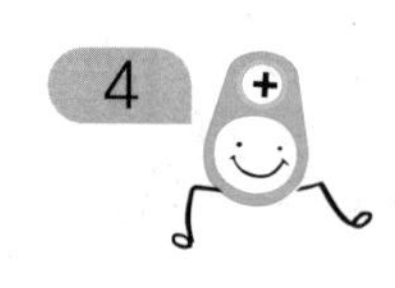

(9)

$14\overline{)40}$

(10)

$11\overline{)60}$

(11)

$16\overline{)50}$

(12)

$13\overline{)90}$

(13)

$15\overline{)70}$

(14)

$12\overline{)80}$

(15)

$12\overline{)90}$

(16)

$18\overline{)70}$

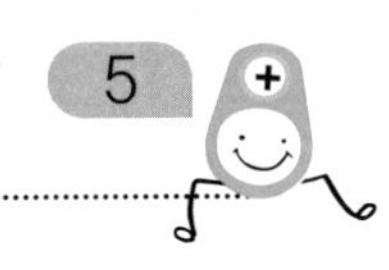

● 나눗셈을 하시오.

(1)

$$23\overline{)30}$$

(2)

$$27\overline{)50}$$

(3)

$$24\overline{)40}$$

(4)

$$26\overline{)40}$$

(5)

$$21\overline{)50}$$

(6)

$$28\overline{)90}$$

(7)

$$22\overline{)80}$$

(8)

$$29\overline{)70}$$

(9)

$28\overline{)\,40}$

(10)

$23\overline{)\,60}$

(11)

$27\overline{)\,80}$

(12)

$22\overline{)\,90}$

(13)

$21\overline{)\,50}$

(14)

$26\overline{)\,70}$

(15)

$25\overline{)\,90}$

(16)

$24\overline{)\,80}$

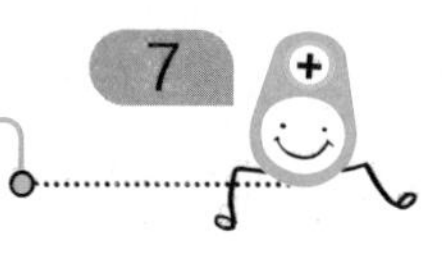

● 나눗셈을 하시오.

(1)

$21\overline{)70}$

(5)

$28\overline{)80}$

(2)

$24\overline{)60}$

(6)

$26\overline{)90}$

(3)

$27\overline{)90}$

(7)

$25\overline{)70}$

(4)

$23\overline{)80}$

(8)

$24\overline{)90}$

(9)

$26\overline{)80}$

(10)

$27\overline{)60}$

(11)

$21\overline{)90}$

(12)

$28\overline{)70}$

(13)

$25\overline{)60}$

(14)

$21\overline{)80}$

(15)

$22\overline{)70}$

(16)

$29\overline{)90}$

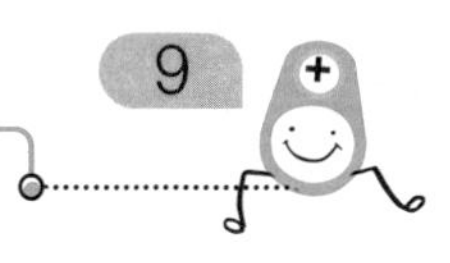

● 나눗셈을 하시오.

(1)

$11\overline{)46}$

(2)

$12\overline{)39}$

(3)

$13\overline{)71}$

(4)

$14\overline{)58}$

(5)

$15\overline{)66}$

(6)

$16\overline{)83}$

(7)

$17\overline{)69}$

(8)

$18\overline{)93}$

(9)

$$12\overline{)77}$$

(10)

$$14\overline{)86}$$

(11)

$$16\overline{)53}$$

(12)

$$18\overline{)39}$$

(13)

$$13\overline{)82}$$

(14)

$$15\overline{)47}$$

(15)

$$17\overline{)91}$$

(16)

$$19\overline{)64}$$

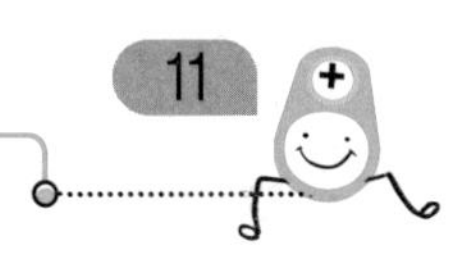

● 나눗셈을 하시오.

(1)

$13\overline{)45}$

(5)

$17\overline{)37}$

(2)

$12\overline{)52}$

(6)

$18\overline{)76}$

(3)

$15\overline{)79}$

(7)

$16\overline{)68}$

(4)

$14\overline{)99}$

(8)

$19\overline{)96}$

(9)

$$13\overline{)79}$$

(10)

$$11\overline{)69}$$

(11)

$$16\overline{)98}$$

(12)

$$17\overline{)56}$$

(13)

$$12\overline{)88}$$

(14)

$$15\overline{)92}$$

(15)

$$14\overline{)62}$$

(16)

$$18\overline{)94}$$

● 나눗셈을 하시오.

(1)

$22\overline{)51}$

(5)

$23\overline{)48}$

(2)

$25\overline{)63}$

(6)

$26\overline{)55}$

(3)

$21\overline{)65}$

(7)

$27\overline{)89}$

(4)

$24\overline{)56}$

(8)

$28\overline{)46}$

(9)

$21\overline{)52}$

(10)

$23\overline{)95}$

(11)

$22\overline{)67}$

(12)

$24\overline{)74}$

(13)

$25\overline{)77}$

(14)

$26\overline{)83}$

(15)

$28\overline{)86}$

(16)

$27\overline{)58}$

● 나눗셈을 하시오.

(1)

$22\overline{)91}$

(2)

$24\overline{)76}$

(3)

$26\overline{)81}$

(4)

$28\overline{)93}$

(5)

$23\overline{)49}$

(6)

$25\overline{)84}$

(7)

$27\overline{)92}$

(8)

$29\overline{)88}$

(9)

$22\overline{)68}$

(10)

$25\overline{)52}$

(11)

$24\overline{)99}$

(12)

$26\overline{)58}$

(13)

$23\overline{)74}$

(14)

$28\overline{)61}$

(15)

$27\overline{)63}$

(16)

$29\overline{)92}$

● 나눗셈을 하시오.

(1)

$13\overline{)45}$

(2)

$26\overline{)82}$

(3)

$34\overline{)76}$

(4)

$45\overline{)91}$

(5)

$29\overline{)94}$

(6)

$17\overline{)73}$

(7)

$48\overline{)58}$

(8)

$32\overline{)98}$

(9)

$$15\overline{)62}$$

(10)

$$37\overline{)76}$$

(11)

$$24\overline{)52}$$

(12)

$$46\overline{)98}$$

(13)

$$22\overline{)71}$$

(14)

$$41\overline{)89}$$

(15)

$$18\overline{)84}$$

(16)

$$39\overline{)95}$$

● 나눗셈을 하시오.

(1)

$$12\overline{)51}$$

(2)

$$43\overline{)92}$$

(3)

$$25\overline{)76}$$

(4)

$$31\overline{)63}$$

(5)

$$36\overline{)78}$$

(6)

$$28\overline{)89}$$

(7)

$$47\overline{)99}$$

(8)

$$19\overline{)94}$$

(9)

$11\overline{)94}$

(10)

$23\overline{)48}$

(11)

$35\overline{)72}$

(12)

$42\overline{)86}$

(13)

$49\overline{)99}$

(14)

$16\overline{)75}$

(15)

$27\overline{)99}$

(16)

$39\overline{)86}$

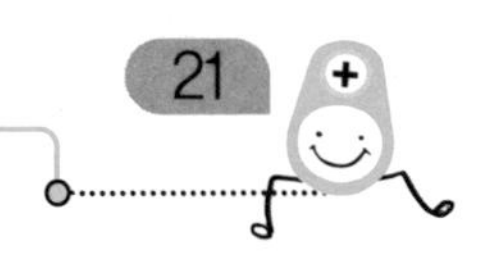

● 나눗셈을 하시오.

(1)

$31 \overline{)65}$

(2)

$43 \overline{)87}$

(3)

$52 \overline{)73}$

(4)

$65 \overline{)88}$

(5)

$48 \overline{)98}$

(6)

$37 \overline{)85}$

(7)

$56 \overline{)91}$

(8)

$74 \overline{)95}$

(9)

$35\overline{)68}$

(10)

$59\overline{)67}$

(11)

$47\overline{)96}$

(12)

$63\overline{)93}$

(13)

$54\overline{)86}$

(14)

$41\overline{)84}$

(15)

$36\overline{)76}$

(16)

$82\overline{)95}$

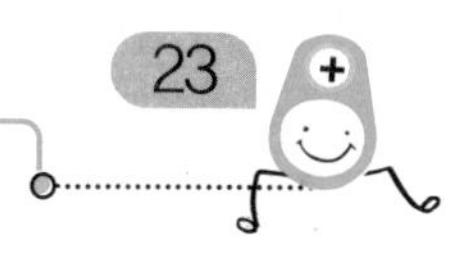

● 나눗셈을 하시오.

(1)

$33\overline{)67}$

(2)

$42\overline{)92}$

(3)

$61\overline{)93}$

(4)

$55\overline{)79}$

(5)

$56\overline{)88}$

(6)

$38\overline{)83}$

(7)

$45\overline{)96}$

(8)

$67\overline{)84}$

(9)

$$34\overline{)73}$$

(10)

$$62\overline{)80}$$

(11)

$$44\overline{)93}$$

(12)

$$57\overline{)88}$$

(13)

$$46\overline{)94}$$

(14)

$$39\overline{)85}$$

(15)

$$71\overline{)82}$$

(16)

$$83\overline{)99}$$

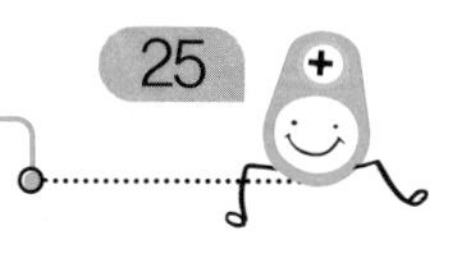

● 나눗셈을 하시오.

(1)

$17 \overline{)52}$

(2)

$22 \overline{)69}$

(3)

$18 \overline{)75}$

(4)

$24 \overline{)98}$

(5)

$35 \overline{)74}$

(6)

$16 \overline{)90}$

(7)

$21 \overline{)72}$

(8)

$33 \overline{)83}$

(9)

$$14\overline{)73}$$

(10)

$$32\overline{)97}$$

(11)

$$23\overline{)82}$$

(12)

$$18\overline{)56}$$

(13)

$$27\overline{)64}$$

(14)

$$15\overline{)78}$$

(15)

$$21\overline{)85}$$

(16)

$$37\overline{)94}$$

● 나눗셈을 하시오.

(1)

$12\overline{)66}$

(2)

$28\overline{)59}$

(3)

$31\overline{)65}$

(4)

$16\overline{)83}$

(5)

$23\overline{)71}$

(6)

$17\overline{)89}$

(7)

$25\overline{)84}$

(8)

$34\overline{)72}$

(9)

$15\overline{)64}$

(10)

$21\overline{)67}$

(11)

$13\overline{)72}$

(12)

$26\overline{)86}$

(13)

$19\overline{)83}$

(14)

$24\overline{)75}$

(15)

$32\overline{)99}$

(16)

$11\overline{)92}$

● 나눗셈을 하시오.

(1)

$$14\overline{)62}$$

(5)

$$21\overline{)78}$$

(2)

$$23\overline{)95}$$

(6)

$$36\overline{)98}$$

(3)

$$32\overline{)83}$$

(7)

$$43\overline{)92}$$

(4)

$$15\overline{)86}$$

(8)

$$51\overline{)74}$$

(9)

$$12\overline{)78}$$

(10)

$$36\overline{)93}$$

(11)

$$44\overline{)96}$$

(12)

$$22\overline{)89}$$

(13)

$$11\overline{)67}$$

(14)

$$25\overline{)78}$$

(15)

$$38\overline{)83}$$

(16)

$$63\overline{)74}$$

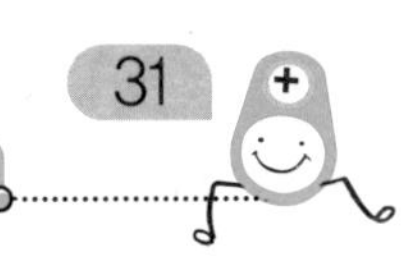

● 나눗셈을 하시오.

(1)

$16\overline{)81}$

(2)

$31\overline{)96}$

(3)

$28\overline{)64}$

(4)

$49\overline{)99}$

(5)

$12\overline{)67}$

(6)

$67\overline{)88}$

(7)

$84\overline{)90}$

(8)

$30\overline{)94}$

(9)

$$17\overline{)69}$$

(10)

$$26\overline{)93}$$

(11)

$$34\overline{)84}$$

(12)

$$42\overline{)90}$$

(13)

$$22\overline{)74}$$

(14)

$$19\overline{)96}$$

(15)

$$29\overline{)81}$$

(16)

$$79\overline{)92}$$

● 나눗셈을 하시오.

(1)

$12\overline{)50}$

(2)

$13\overline{)67}$

(3)

$14\overline{)78}$

(4)

$15\overline{)89}$

(5)

$22\overline{)57}$

(6)

$23\overline{)65}$

(7)

$24\overline{)73}$

(8)

$25\overline{)81}$

(9)

$$16\overline{)40}$$

(10)

$$26\overline{)60}$$

(11)

$$36\overline{)80}$$

(12)

$$46\overline{)90}$$

(13)

$$17\overline{)52}$$

(14)

$$27\overline{)72}$$

(15)

$$37\overline{)92}$$

(16)

$$47\overline{)98}$$

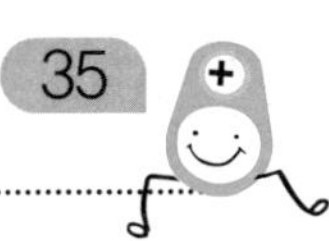

● 나눗셈을 하시오.

(1)

$16\overline{)77}$

(5)

$26\overline{)89}$

(2)

$17\overline{)56}$

(6)

$27\overline{)68}$

(3)

$18\overline{)85}$

(7)

$28\overline{)95}$

(4)

$19\overline{)98}$

(8)

$29\overline{)84}$

(9)

$18\overline{)60}$

(13)

$19\overline{)44}$

(10)

$28\overline{)70}$

(14)

$29\overline{)66}$

(11)

$38\overline{)80}$

(15)

$39\overline{)88}$

(12)

$48\overline{)90}$

(16)

$49\overline{)99}$

● 나눗셈을 하시오.

(1)

$14 \overline{)52}$

(5)

$31 \overline{)97}$

(2)

$16 \overline{)68}$

(6)

$37 \overline{)81}$

(3)

$20 \overline{)94}$

(7)

$40 \overline{)85}$

(4)

$28 \overline{)63}$

(8)

$46 \overline{)97}$

(9)

$$11\overline{)89}$$

(10)

$$24\overline{)94}$$

(11)

$$18\overline{)96}$$

(12)

$$38\overline{)78}$$

(13)

$$26\overline{)54}$$

(14)

$$19\overline{)85}$$

(15)

$$40\overline{)90}$$

(16)

$$21\overline{)92}$$

● 나눗셈을 하시오.

(1)

$22\overline{)50}$

(2)

$33\overline{)70}$

(3)

$44\overline{)90}$

(4)

$55\overline{)80}$

(5)

$13\overline{)66}$

(6)

$27\overline{)77}$

(7)

$19\overline{)88}$

(8)

$32\overline{)99}$

(9)

$15\overline{)95}$

(10)

$25\overline{)85}$

(11)

$35\overline{)75}$

(12)

$45\overline{)92}$

(13)

$13\overline{)60}$

(14)

$23\overline{)90}$

(15)

$72\overline{)83}$

(16)

$63\overline{)84}$

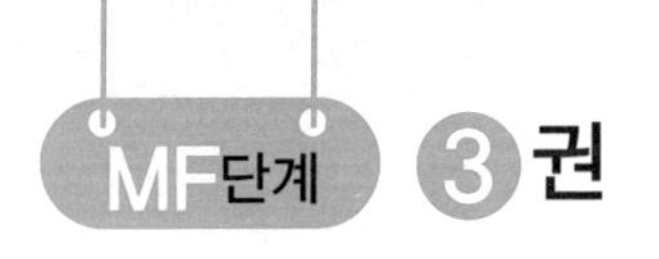

(두 자리 수)÷(두 자리 수) (4)

요일	교재 번호	학습한 날짜	확인
1일차(월)	01~08	월 일	
2일차(화)	09~16	월 일	
3일차(수)	17~24	월 일	
4일차(목)	25~32	월 일	
5일차(금)	33~40	월 일	

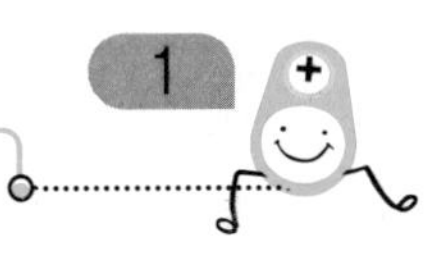

● 나눗셈을 하시오.

(1)

$14\overline{)70}$

(5)

$11\overline{)37}$

(2)

$12\overline{)46}$

(6)

$21\overline{)25}$

(3)

$18\overline{)72}$

(7)

$11\overline{)59}$

(4)

$10\overline{)63}$

(8)

$20\overline{)42}$

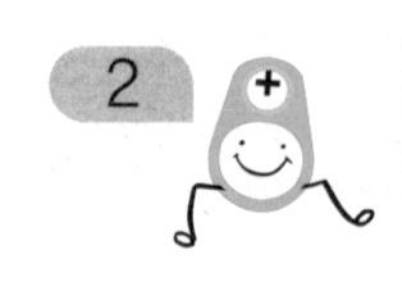

(9)

$$12\overline{)39}$$

(10)

$$23\overline{)46}$$

(11)

$$13\overline{)60}$$

(12)

$$15\overline{)33}$$

(13)

$$14\overline{)43}$$

(14)

$$11\overline{)56}$$

(15)

$$22\overline{)66}$$

(16)

$$32\overline{)68}$$

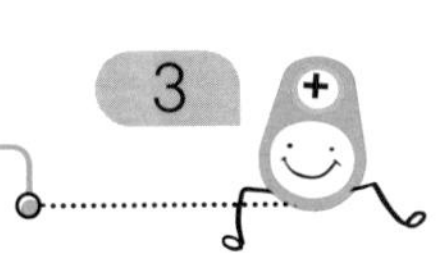

● 나눗셈을 하시오.

(1)

$14 \overline{)18}$

(2)

$24 \overline{)26}$

(3)

$10 \overline{)61}$

(4)

$19 \overline{)42}$

(5)

$19 \overline{)57}$

(6)

$13 \overline{)54}$

(7)

$16 \overline{)60}$

(8)

$11 \overline{)69}$

(9)

$$31\overline{)60}$$

(10)

$$14\overline{)65}$$

(11)

$$13\overline{)41}$$

(12)

$$21\overline{)44}$$

(13)

$$21\overline{)67}$$

(14)

$$24\overline{)48}$$

(15)

$$10\overline{)58}$$

(16)

$$12\overline{)62}$$

● 나눗셈을 하시오.

(1)

$20\overline{)40}$

(5)

$13\overline{)45}$

(2)

$15\overline{)55}$

(6)

$31\overline{)62}$

(3)

$48\overline{)56}$

(7)

$15\overline{)32}$

(4)

$12\overline{)68}$

(8)

$30\overline{)64}$

(9)

$36\overline{)42}$

(10)

$14\overline{)49}$

(11)

$13\overline{)66}$

(12)

$16\overline{)53}$

(13)

$11\overline{)35}$

(14)

$19\overline{)52}$

(15)

$27\overline{)54}$

(16)

$11\overline{)52}$

● 나눗셈을 하시오.

(1)

$11\overline{)41}$

(2)

$12\overline{)50}$

(3)

$14\overline{)30}$

(4)

$24\overline{)52}$

(5)

$17\overline{)51}$

(6)

$51\overline{)63}$

(7)

$15\overline{)40}$

(8)

$18\overline{)67}$

(9)

$25 \overline{)32}$

(10)

$18 \overline{)47}$

(11)

$14 \overline{)46}$

(12)

$16 \overline{)90}$

(13)

$15 \overline{)48}$

(14)

$23 \overline{)85}$

(15)

$13 \overline{)65}$

(16)

$22 \overline{)91}$

● 나눗셈을 하시오.

(1)

$12\overline{)60}$

(2)

$13\overline{)53}$

(3)

$19\overline{)68}$

(4)

$23\overline{)51}$

(5)

$17\overline{)55}$

(6)

$29\overline{)70}$

(7)

$20\overline{)43}$

(8)

$15\overline{)64}$

(9)

$$17\overline{)31}$$

(10)

$$26\overline{)52}$$

(11)

$$22\overline{)58}$$

(12)

$$11\overline{)61}$$

(13)

$$14\overline{)44}$$

(14)

$$18\overline{)59}$$

(15)

$$21\overline{)66}$$

(16)

$$23\overline{)72}$$

● 나눗셈을 하시오.

(1) $28\overline{)61}$

(2) $20\overline{)67}$

(3) $62\overline{)74}$

(4) $16\overline{)82}$

(5) $27\overline{)83}$

(6) $19\overline{)76}$

(7) $10\overline{)67}$

(8) $43\overline{)93}$

(9)

$18\overline{)71}$

(10)

$45\overline{)95}$

(11)

$13\overline{)69}$

(12)

$77\overline{)82}$

(13)

$41\overline{)84}$

(14)

$24\overline{)76}$

(15)

$11\overline{)66}$

(16)

$21\overline{)97}$

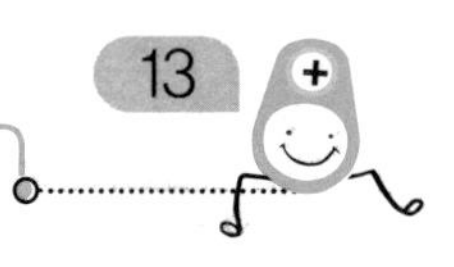

● 나눗셈을 하시오.

(1)

$$19\overline{)67}$$

(5)

$$31\overline{)68}$$

(2)

$$61\overline{)73}$$

(6)

$$25\overline{)84}$$

(3)

$$12\overline{)93}$$

(7)

$$35\overline{)70}$$

(4)

$$14\overline{)86}$$

(8)

$$23\overline{)95}$$

(9)

$$29\overline{)94}$$

(10)

$$13\overline{)57}$$

(11)

$$10\overline{)87}$$

(12)

$$36\overline{)72}$$

(13)

$$58\overline{)73}$$

(14)

$$18\overline{)78}$$

(15)

$$28\overline{)65}$$

(16)

$$16\overline{)85}$$

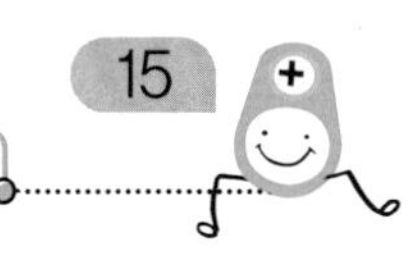

● 나눗셈을 하시오.

(1)

$33\overline{)64}$

(2)

$15\overline{)92}$

(3)

$27\overline{)81}$

(4)

$42\overline{)92}$

(5)

$17\overline{)74}$

(6)

$19\overline{)59}$

(7)

$27\overline{)64}$

(8)

$15\overline{)83}$

(9)

$$41\overline{)80}$$

(10)

$$29\overline{)63}$$

(11)

$$37\overline{)77}$$

(12)

$$11\overline{)94}$$

(13)

$$22\overline{)92}$$

(14)

$$28\overline{)85}$$

(15)

$$11\overline{)77}$$

(16)

$$13\overline{)89}$$

● 나눗셈을 하시오.

(1)

$12\overline{)63}$

(2)

$17\overline{)88}$

(3)

$18\overline{)32}$

(4)

$22\overline{)96}$

(5)

$23\overline{)73}$

(6)

$36\overline{)76}$

(7)

$38\overline{)76}$

(8)

$16\overline{)98}$

(9)

$$21\overline{)87}$$

(10)

$$37\overline{)74}$$

(11)

$$13\overline{)96}$$

(12)

$$52\overline{)97}$$

(13)

$$26\overline{)83}$$

(14)

$$16\overline{)81}$$

(15)

$$32\overline{)69}$$

(16)

$$14\overline{)95}$$

● 나눗셈을 하시오.

(1)

$17\overline{)35}$

(2)

$16\overline{)72}$

(3)

$30\overline{)42}$

(4)

$13\overline{)80}$

(5)

$15\overline{)60}$

(6)

$16\overline{)36}$

(7)

$14\overline{)75}$

(8)

$25\overline{)53}$

(9)

$$34\overline{)66}$$

(10)

$$26\overline{)55}$$

(11)

$$13\overline{)70}$$

(12)

$$35\overline{)80}$$

(13)

$$29\overline{)87}$$

(14)

$$31\overline{)97}$$

(15)

$$11\overline{)79}$$

(16)

$$39\overline{)83}$$

● 나눗셈을 하시오.

(1)

$18\overline{)23}$

(2)

$12\overline{)54}$

(3)

$41\overline{)82}$

(4)

$14\overline{)73}$

(5)

$15\overline{)47}$

(6)

$16\overline{)38}$

(7)

$55\overline{)79}$

(8)

$24\overline{)98}$

(9)

$$34\overline{)71}$$

(10)

$$13\overline{)60}$$

(11)

$$16\overline{)26}$$

(12)

$$14\overline{)83}$$

(13)

$$28\overline{)56}$$

(14)

$$29\overline{)68}$$

(15)

$$10\overline{)71}$$

(16)

$$11\overline{)90}$$

● 나눗셈을 하시오.

(1)

$15 \overline{)\,50}$

(2)

$21 \overline{)\,57}$

(3)

$13 \overline{)\,81}$

(4)

$28 \overline{)\,38}$

(5)

$36 \overline{)\,81}$

(6)

$18 \overline{)\,72}$

(7)

$11 \overline{)\,24}$

(8)

$30 \overline{)\,97}$

(9)

$17 \overline{)56}$

(10)

$26 \overline{)41}$

(11)

$11 \overline{)55}$

(12)

$38 \overline{)82}$

(13)

$14 \overline{)62}$

(14)

$15 \overline{)63}$

(15)

$32 \overline{)71}$

(16)

$13 \overline{)95}$

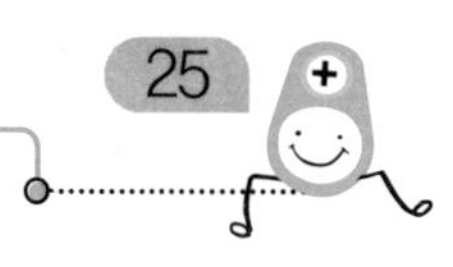

● 나눗셈을 하시오.

(1)

$33\overline{)51}$

(2)

$22\overline{)99}$

(3)

$14\overline{)87}$

(4)

$62\overline{)97}$

(5)

$16\overline{)75}$

(6)

$45\overline{)90}$

(7)

$27\overline{)59}$

(8)

$17\overline{)93}$

(9)

$17\overline{)21}$

(10)

$15\overline{)94}$

(11)

$21\overline{)86}$

(12)

$19\overline{)45}$

(13)

$14\overline{)91}$

(14)

$24\overline{)73}$

(15)

$32\overline{)96}$

(16)

$11\overline{)64}$

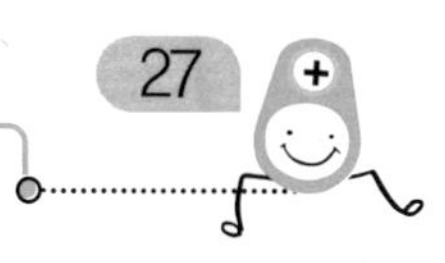

● 나눗셈을 하시오.

(1)

$15\overline{)53}$

(2)

$16\overline{)86}$

(3)

$26\overline{)78}$

(4)

$17\overline{)42}$

(5)

$35\overline{)75}$

(6)

$12\overline{)58}$

(7)

$26\overline{)36}$

(8)

$13\overline{)99}$

(9)

$19\overline{)\,37}$

(10)

$24\overline{)\,64}$

(11)

$16\overline{)\,70}$

(12)

$40\overline{)\,85}$

(13)

$18\overline{)\,77}$

(14)

$28\overline{)\,89}$

(15)

$21\overline{)\,63}$

(16)

$16\overline{)\,93}$

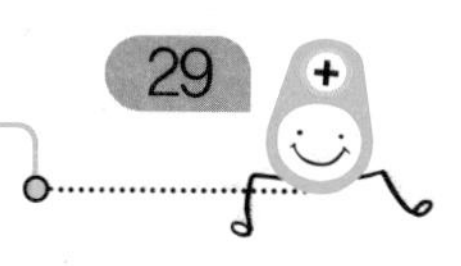

● 나눗셈을 하시오.

(1)

$$20\overline{)62}$$

(2)

$$12\overline{)51}$$

(3)

$$15\overline{)90}$$

(4)

$$22\overline{)90}$$

(5)

$$38\overline{)54}$$

(6)

$$13\overline{)37}$$

(7)

$$38\overline{)81}$$

(8)

$$14\overline{)77}$$

(9)

$$32\overline{)81}$$

(10)

$$13\overline{)84}$$

(11)

$$23\overline{)92}$$

(12)

$$11\overline{)80}$$

(13)

$$15\overline{)74}$$

(14)

$$30\overline{)65}$$

(15)

$$14\overline{)78}$$

(16)

$$43\overline{)87}$$

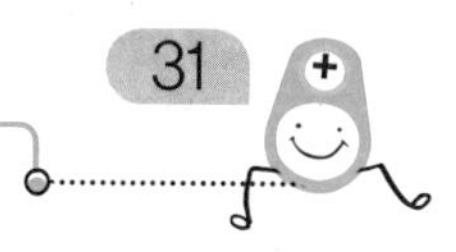

● 나눗셈을 하시오.

(1)

$23\overline{)40}$

(2)

$18\overline{)88}$

(3)

$24\overline{)72}$

(4)

$35\overline{)95}$

(5)

$21\overline{)47}$

(6)

$42\overline{)98}$

(7)

$11\overline{)76}$

(8)

$17\overline{)89}$

(9)

$$13\overline{)34}$$

(10)

$$33\overline{)59}$$

(11)

$$22\overline{)65}$$

(12)

$$21\overline{)93}$$

(13)

$$12\overline{)72}$$

(14)

$$25\overline{)82}$$

(15)

$$14\overline{)76}$$

(16)

$$25\overline{)70}$$

- 나눗셈을 하시오.

(1)

$16\overline{)54}$

(2)

$17\overline{)73}$

(3)

$61\overline{)85}$

(4)

$15\overline{)81}$

(5)

$21\overline{)69}$

(6)

$29\overline{)58}$

(7)

$14\overline{)92}$

(8)

$43\overline{)89}$

(9)

$$18\overline{)29}$$

(10)

$$36\overline{)73}$$

(11)

$$15\overline{)97}$$

(12)

$$21\overline{)80}$$

(13)

$$16\overline{)71}$$

(14)

$$11\overline{)82}$$

(15)

$$17\overline{)45}$$

(16)

$$31\overline{)93}$$

● 나눗셈을 하시오.

(1)

$$17\overline{)57}$$

(2)

$$14\overline{)85}$$

(3)

$$28\overline{)84}$$

(4)

$$11\overline{)98}$$

(5)

$$23\overline{)60}$$

(6)

$$48\overline{)94}$$

(7)

$$18\overline{)89}$$

(8)

$$25\overline{)74}$$

(9)

$$15\overline{)28}$$

(10)

$$27\overline{)55}$$

(11)

$$14\overline{)79}$$

(12)

$$12\overline{)88}$$

검산

$12\times\square+\square=\square$

(13)

$$21\overline{)71}$$

(14)

$$17\overline{)85}$$

(15)

$$13\overline{)28}$$

(16)

$$18\overline{)45}$$

검산

$18\times\square+\square=\square$

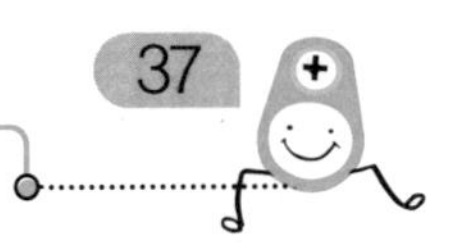

● 나눗셈을 하시오.

(1)

$19\overline{)27}$

(2)

$34\overline{)68}$

(3)

$29\overline{)73}$

(4)

$12\overline{)85}$

(5)

$12\overline{)43}$

(6)

$16\overline{)68}$

(7)

$13\overline{)49}$

(8)

$11\overline{)93}$

(9)

$26\overline{)83}$

(10)

$33\overline{)99}$

(11)

$17\overline{)80}$

(12)

$29\overline{)92}$

검산

$29 \times \square + \square = \square$

(13)

$14\overline{)51}$

(14)

$15\overline{)77}$

(15)

$43\overline{)76}$

(16)

$12\overline{)81}$

검산

$12 \times \square + \square = \square$

● 나눗셈을 하시오.

(1) $31\overline{)56}$

(5) $23\overline{)50}$

(2) $15\overline{)75}$

(6) $27\overline{)86}$

(3) $32\overline{)79}$

(7) $45\overline{)98}$

(4) $19\overline{)85}$

(8) $13\overline{)97}$

(9)

$36\overline{)90}$

(10)

$14\overline{)84}$

(11)

$22\overline{)37}$

(12)

$18\overline{)97}$

검산

$18\times\square+\square=\square$

(13)

$16\overline{)52}$

(14)

$43\overline{)96}$

(15)

$19\overline{)88}$

(16)

$25\overline{)77}$

검산

$25\times\square+\square=\square$

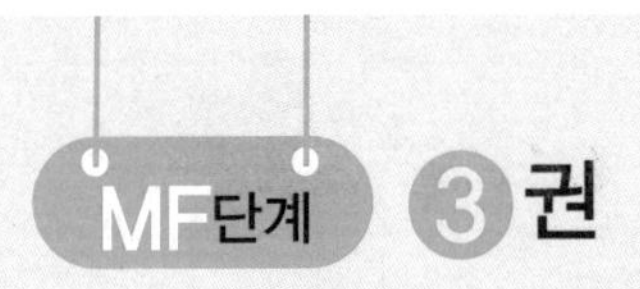

학교 연산 대비하자

연산 UP

연산 UP 1

● 나눗셈을 하시오.

(1) $13\overline{)39}$

(2) $14\overline{)28}$

(3) $17\overline{)51}$

(4) $19\overline{)95}$

(5) $22\overline{)88}$

(6) $26\overline{)78}$

(7) $35\overline{)70}$

(8) $42\overline{)84}$

(9)

$$12\overline{)64}$$

(10)

$$15\overline{)77}$$

(11)

$$13\overline{)93}$$

(12)

$$14\overline{)89}$$

(13)

$$18\overline{)70}$$

(14)

$$17\overline{)99}$$

(15)

$$16\overline{)51}$$

(16)

$$19\overline{)80}$$

● 나눗셈을 하시오.

(1) $14\overline{)60}$

(2) $21\overline{)68}$

(3) $17\overline{)64}$

(4) $24\overline{)99}$

(5) $33\overline{)72}$

(6) $26\overline{)83}$

(7) $48\overline{)97}$

(8) $52\overline{)61}$

(9)

$22\overline{)48}$

(10)

$36\overline{)75}$

(11)

$13\overline{)96}$

(12)

$25\overline{)80}$

(13)

$18\overline{)62}$

(14)

$28\overline{)90}$

(15)

$47\overline{)98}$

(16)

$34\overline{)73}$

MF

연산 UP

● 나눗셈을 하시오.

(1) $12\overline{)82}$

(2) $38\overline{)78}$

(3) $23\overline{)72}$

(4) $46\overline{)94}$

(5) $27\overline{)93}$

(6) $64\overline{)67}$

(7) $19\overline{)86}$

(8) $29\overline{)95}$

(9)

$$31\overline{)67}$$

(10)

$$17\overline{)98}$$

(11)

$$26\overline{)88}$$

(12)

$$39\overline{)79}$$

(13)

$$49\overline{)99}$$

(14)

$$28\overline{)92}$$

(15)

$$75\overline{)81}$$

(16)

$$81\overline{)90}$$

연산 UP

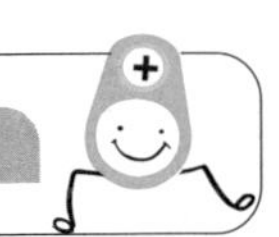

● 빈 곳에 알맞은 수를 써넣으시오.

(1)

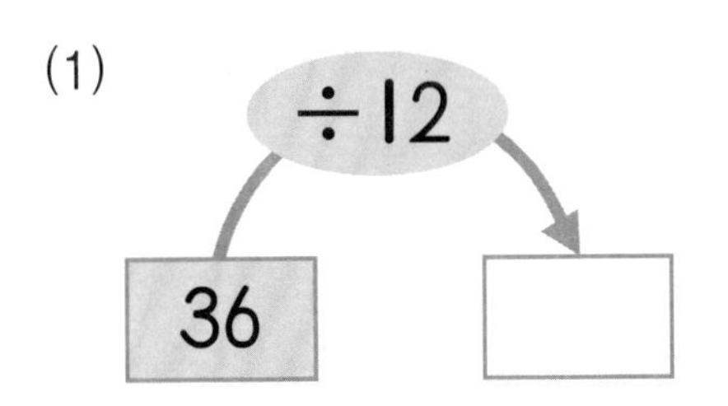

(5)

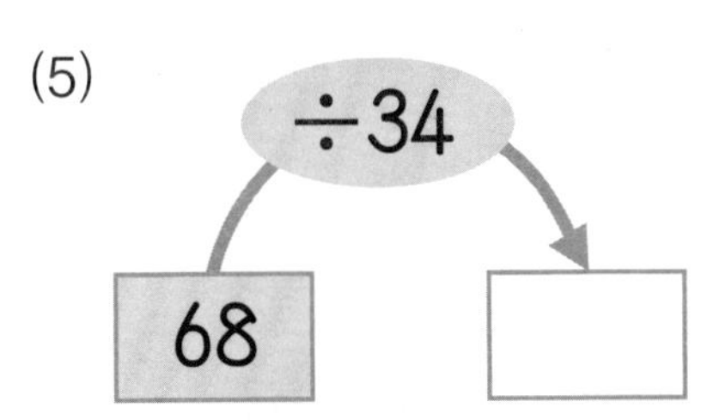

(2)

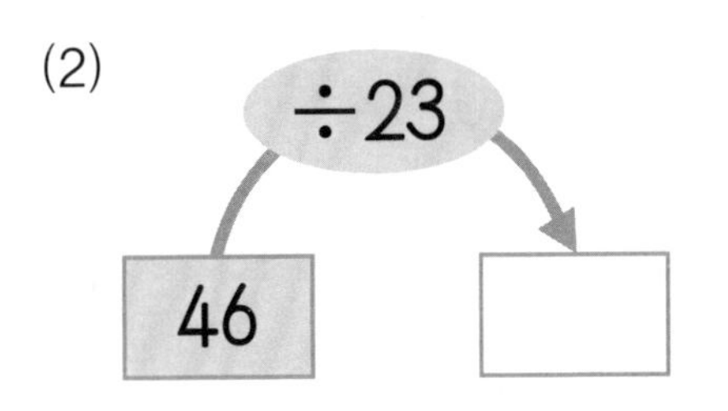

(6)

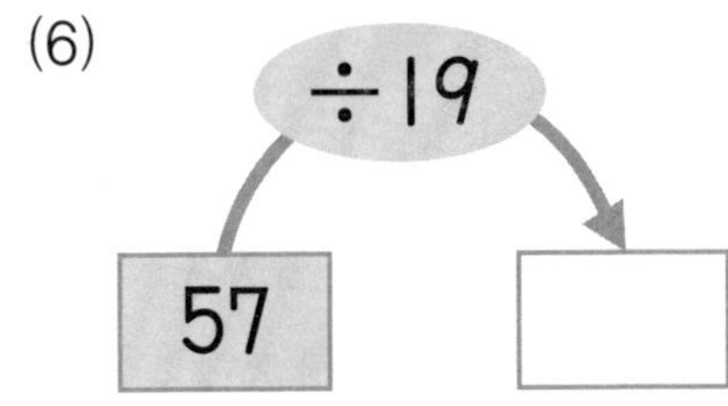

(3)

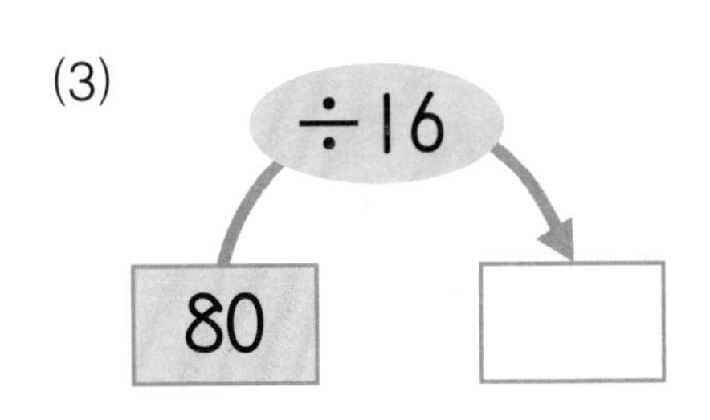

(7)

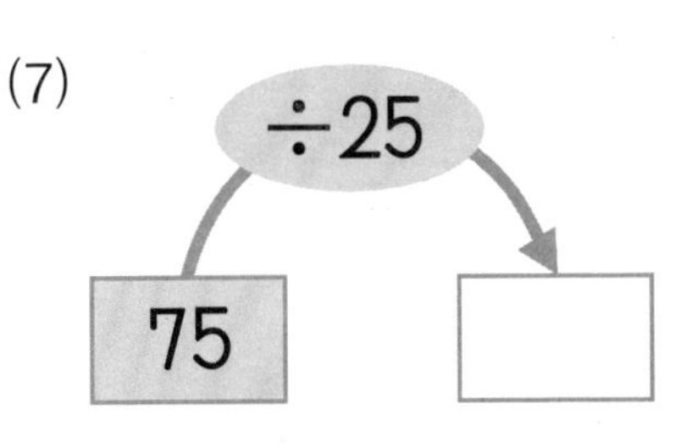

(4)

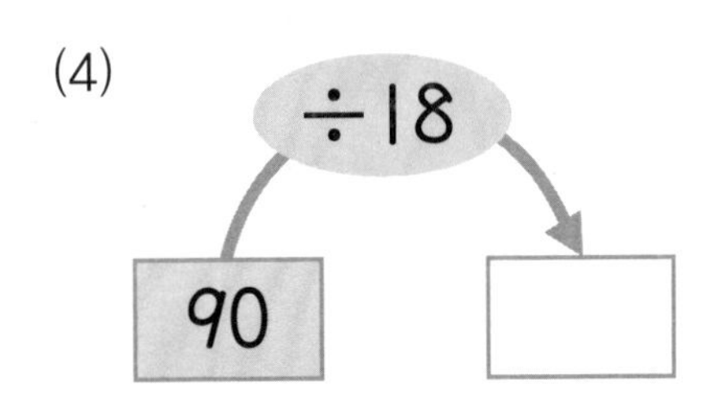

(8)

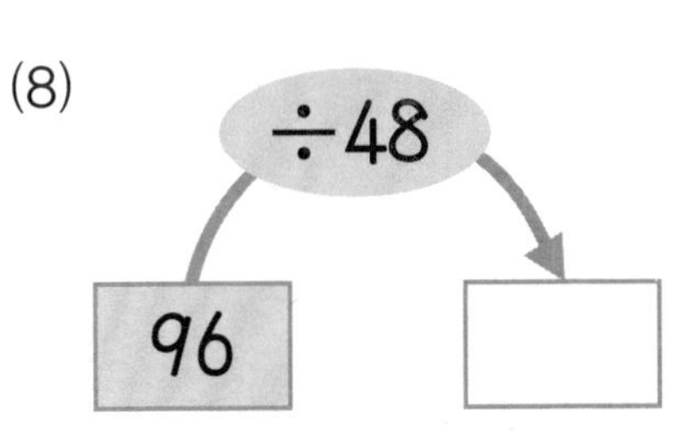

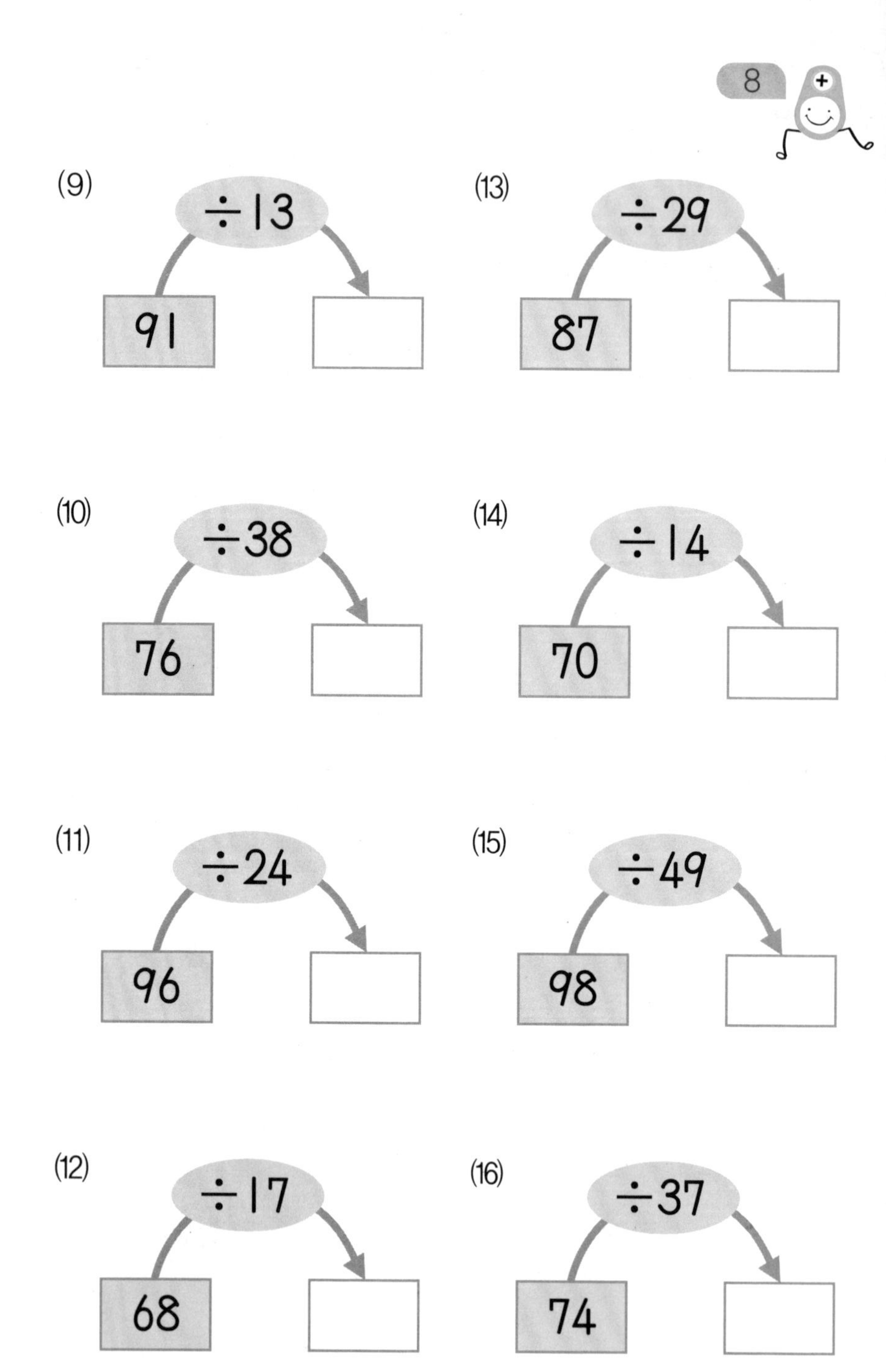
8
(9)
÷13
91
(13)
÷29
87
(10)
÷38
76
(14)
÷14
70
(11)
÷24
96
(15)
÷49
98
(12)
÷17
68
(16)
÷37
74

● □ 안에는 몫을, ○ 안에는 나머지를 써넣으시오.

(1)

37	11	□	○
72	16	□	○

(2)

45	14	□	○
81	19	□	○

(3)

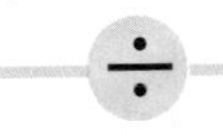

43	13	□	○
74	17	□	○

(4)

62	12	□	○
91	22	□	○

(5)

78	15	□	○
76	25	□	○

(6)

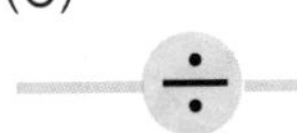

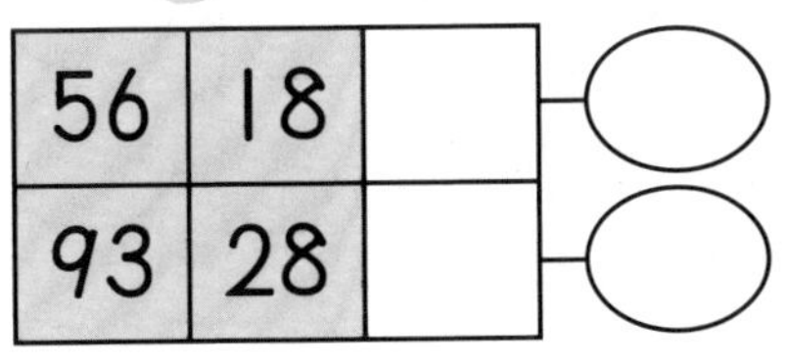

56	18	□	○
93	28	□	○

10

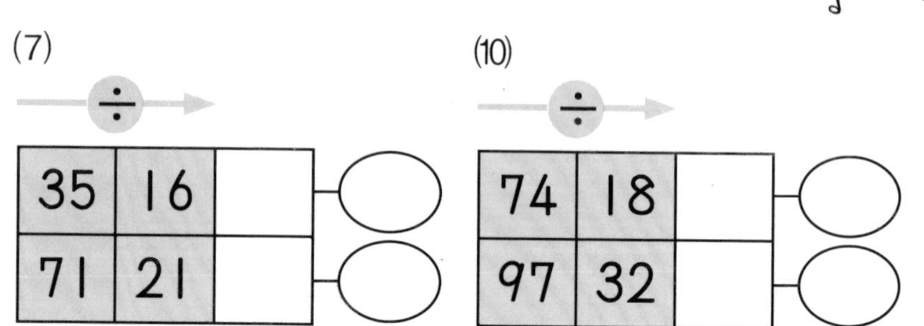
(7)
÷
35
16
71
21
(10)
÷
74
18
97
32

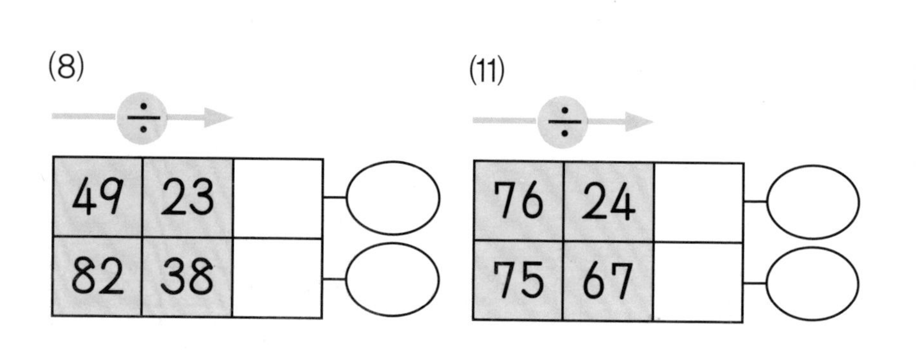
(8)
÷
49
23
82
38
(11)
÷
76
24
75
67

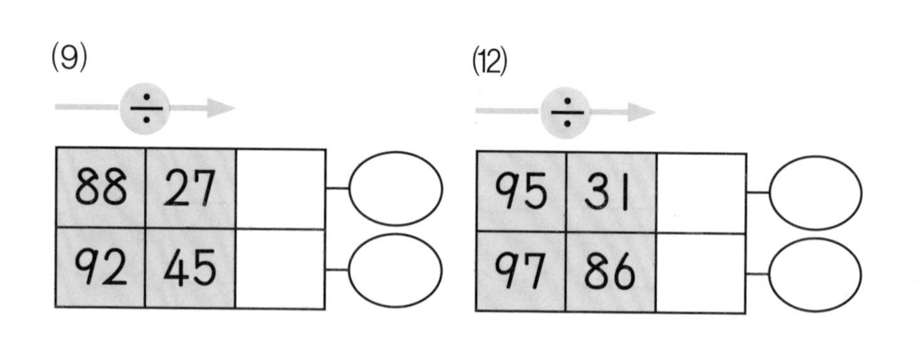
(9)
÷
88
27
92
45
(12)
÷
95
31
97
86

● □ 안에는 몫을, ○ 안에는 나머지를 써넣으시오.

(1)

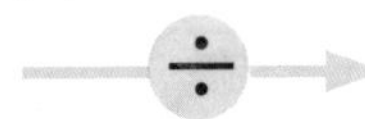

56	11	□	○
82	19	□	○

(4)

78	15	□	○
86	21	□	○

(2)

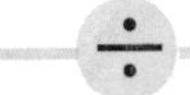

63	14	□	○
69	17	□	○

(5)

84	16	□	○
94	18	□	○

(3)

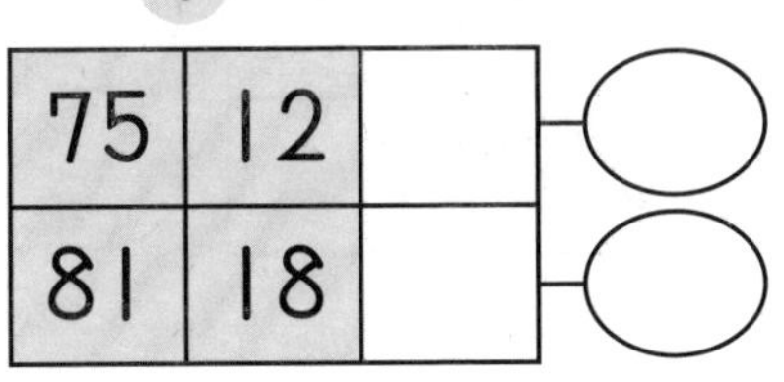

75	12	□	○
81	18	□	○

(6)

67	13	□	○
96	25	□	○

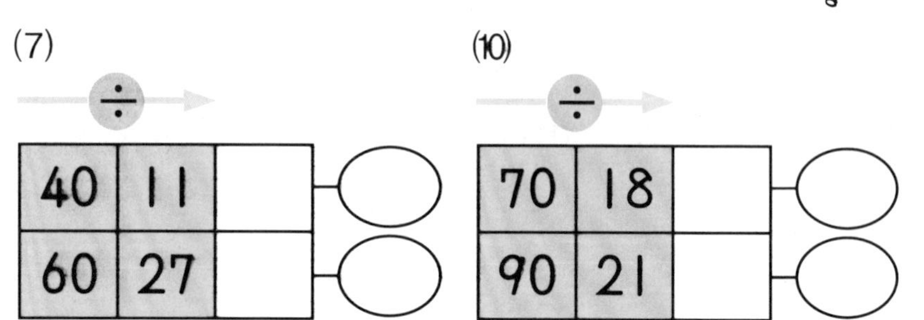

(7) ÷

40	11		◯
60	27		◯

(10) ÷

70	18		◯
90	21		◯

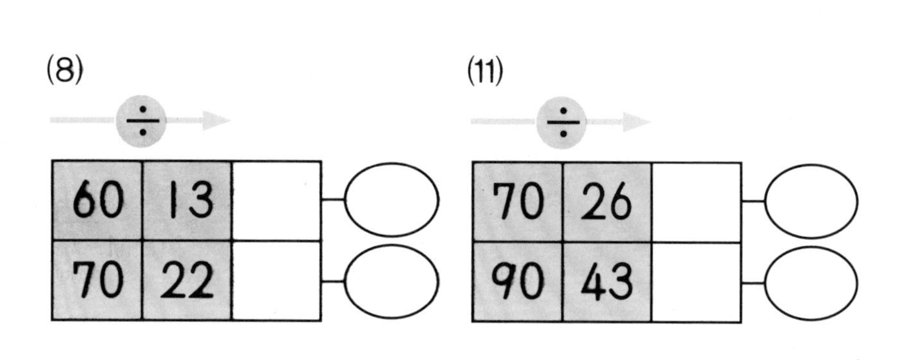

(8) ÷

60	13		◯
70	22		◯

(11) ÷

70	26		◯
90	43		◯

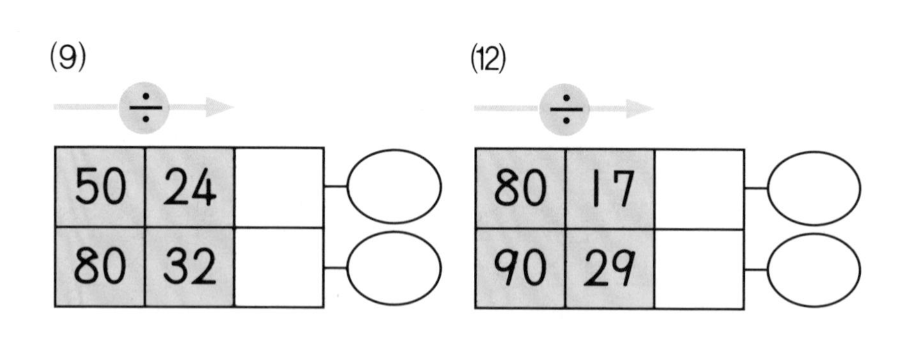

(9) ÷

50	24		◯
80	32		◯

(12) ÷

80	17		◯
90	29		◯

● 다음을 읽고 물음에 답하시오.

(1) 80장의 색종이를 20명의 학생에게 똑같이 나누어 주려고 합니다. 학생 한 명이 받게 되는 색종이는 몇 장입니까?

( )

(2) 곶감이 90개 있습니다. 곶감을 한 상자에 18개씩 담아 포장하면 몇 상자가 됩니까?

( )

(3) 간장 65 L가 있습니다. 한 통에 13 L씩 담으면 몇 통이 됩니까?

( )

(4) 사과 51개를 한 가구에 17개씩 나누어 주려고 합니다. 몇 가구에 나누어 줄 수 있습니까?

( )

(5) 길이가 84 cm인 색 테이프를 21 cm씩 자르면 몇 도막이 됩니까?

( )

(6) 장미 64송이를 꽃병 16개에 똑같이 나누어 꽂으려고 합니다. 꽃병 한 개에 장미를 몇 송이씩 꽂아야 합니까?

( )

● 다음을 읽고 물음에 답하시오.

(1) 벽돌 96개를 한 줄에 30개씩 쌓아 놓았습니다. 쌓아 놓고 남은 벽돌은 몇 개입니까?

( )

(2) 구슬 82개를 한 봉지에 16개씩 나누어 담았습니다. 나누어 담고 남은 구슬은 몇 개입니까?

( )

(3) 복숭아가 67개 있습니다. 복숭아를 한 상자에 12개씩 담아 팔려고 합니다. 팔고 남은 복숭아는 몇 개입니까?

( )

(4) 혜주네 집에서 수확한 콩은 67 kg입니다. 한 자루에 30 kg씩 담으면 몇 자루가 되고, 몇 kg이 남습니까?

( ), ( )

(5) 사탕 78개를 한 명에게 22개씩 나누어 주려고 합니다. 몇 명에게 나누어 줄 수 있고, 몇 개가 남습니까?

( ), ( )

(6) 길이가 80 cm인 철사를 한 도막이 14 cm가 되도록 자르려고 합니다. 철사는 몇 도막이 되고, 몇 cm가 남습니까?

( ), ( )

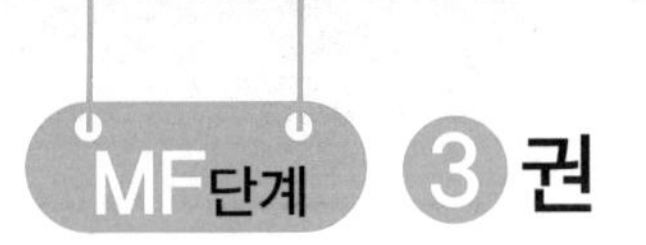

정 답

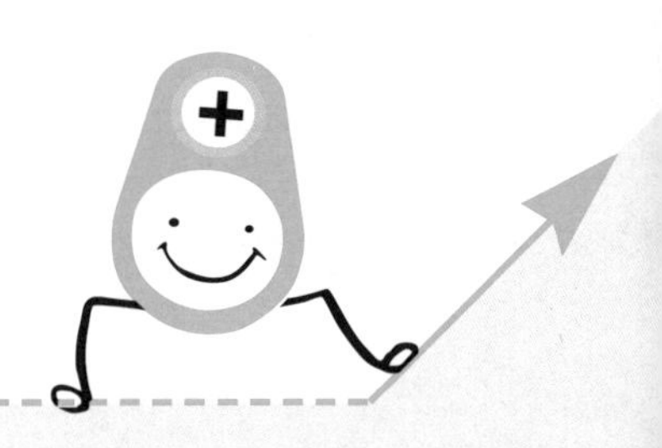

MF01

1	2	3	4	5	6	7	8
(1) 9	(9) 4…5	(1) 2	(8) 7	(1) 2	(9) 5	(1) 3	(9) 3
(2) 9…1	(10) 9…2	(2) 3	(9) 2	(2) 4	(10) 5	(2) 3	(10) 2
(3) 13…2	(11) 24	(3) 6	(10) 7	(3) 4	(11) 2	(3) 5	(11) 2
(4) 7…6	(12) 14…1	(4) 3	(11) 3	(4) 2	(12) 2	(4) 2	(12) 6
(5) 7…1	(13) 3…2	(5) 2	(12) 4	(5) 3	(13) 4	(5) 2	(13) 3
(6) 8…2	(14) 13…1	(6) 3	(13) 2	(6) 3	(14) 2	(6) 4	(14) 5
(7) 43	(15) 8…4	(7) 7	(14) 4	(7) 5	(15) 7	(7) 2	(15) 3
(8) 14…3	(16) 9…1		(15) 2	(8) 4	(16) 3	(8) 4	(16) 2

MF01

9	10	11	12	13	14	15	16
(1) 1	(9) 3	(1) 1…4	(8) 2…5	(1) 1…3	(9) 2…3	(1) 2…2	(9) 1…13
(2) 2	(10) 4	(2) 2…1	(9) 1…5	(2) 4…2	(10) 2…3	(2) 1…2	(10) 5…2
(3) 5	(11) 6	(3) 4…11	(10) 2…5	(3) 2…9	(11) 2…1	(3) 2…1	(11) 2…1
(4) 3	(12) 2	(4) 2…1	(11) 6…5	(4) 1…4	(12) 2…7	(4) 4…5	(12) 2…2
(5) 4	(13) 2	(5) 3…2	(12) 3…1	(5) 2…8	(13) 1…22	(5) 2…7	(13) 2…6
(6) 2	(14) 3	(6) 1…6	(13) 2…9	(6) 3…1	(14) 5…8	(6) 3…4	(14) 3…2
(7) 4	(15) 5	(7) 2…1	(14) 3…13	(7) 5…6	(15) 1…7	(7) 1…3	(15) 1…10
(8) 2	(16) 3		(15) 1…16	(8) 2…5	(16) 6…2	(8) 2…3	(16) 6…1

MF01

17	18	19	20	21	22	23	24
(1) 1⋯14	(9) 2⋯15	(1) 2⋯11	(9) 2⋯5	(1) 1⋯12	(9) 2⋯1	(1) 2⋯8	(9) 1⋯[illegible]
(2) 2⋯7	(10) 4⋯9	(2) 3⋯5	(10) 1⋯29	(2) 2⋯4	(10) 1⋯13	(2) 1⋯25	(10) 5⋯
(3) 4⋯5	(11) 2⋯5	(3) 1⋯9	(11) 2⋯7	(3) 2⋯5	(11) 5⋯13	(3) 4⋯3	(11) 1⋯[illegible]
(4) 2⋯4	(12) 1⋯3	(4) 2⋯9	(12) 6⋯9	(4) 4⋯12	(12) 2⋯3	(4) 2⋯11	(12) 2⋯
(5) 3⋯10	(13) 1⋯19	(5) 2⋯3	(13) 1⋯8	(5) 4⋯9	(13) 1⋯11	(5) 3⋯13	(13) 2⋯
(6) 2⋯1	(14) 2⋯3	(6) 1⋯8	(14) 5⋯11	(6) 4⋯2	(14) 2⋯10	(6) 2⋯13	(14) 2⋯
(7) 1⋯19	(15) 2⋯26	(7) 4⋯6	(15) 2⋯14	(7) 2⋯16	(15) 2⋯20	(7) 1⋯16	(15) 8⋯[illegible]
(8) 2⋯3	(16) 8⋯4	(8) 2⋯11	(16) 2⋯18	(8) 1⋯14	(16) 7⋯10	(8) 2⋯20	(16) 2⋯[illegible]

MF01

25	26	27	28	29	30	31	32
(1) 1⋯11	(9) 2⋯8	(1) 1⋯24	(9) 1⋯13	(1) 1⋯9	(9) 2⋯5	(1) 3⋯8	(9) 1⋯[illegible]
(2) 2⋯12	(10) 1⋯9	(2) 4⋯11	(10) 3⋯7	(2) 5⋯4	(10) 3⋯6	(2) 1⋯4	(10) 5⋯[illegible]
(3) 4⋯3	(11) 6⋯10	(3) 2⋯6	(11) 2⋯11	(3) 2⋯13	(11) 2⋯29	(3) 4⋯5	(11) 6⋯[illegible]
(4) 1⋯12	(12) 2⋯9	(4) 5⋯6	(12) 4⋯9	(4) 5⋯2	(12) 3⋯16	(4) 6⋯7	(12) 5⋯[illegible]
(5) 2⋯16	(13) 5⋯9	(5) 3⋯11	(13) 2⋯3	(5) 3⋯6	(13) 1⋯9	(5) 1⋯32	(13) 2⋯[illegible]
(6) 3⋯11	(14) 2⋯5	(6) 1⋯6	(14) 2⋯15	(6) 2⋯7	(14) 4⋯2	(6) 2⋯13	(14) 5⋯[illegible]
(7) 2⋯10	(15) 2⋯9	(7) 3⋯6	(15) 5⋯8	(7) 4⋯6	(15) 2⋯11	(7) 5⋯1	(15) 2⋯[illegible]
(8) 2⋯12	(16) 1⋯39	(8) 6⋯7	(16) 8⋯1	(8) 5⋯9	(16) 9⋯6	(8) 4⋯4	(16) 7⋯[illegible]

MF01

33	34	35	36	37	38	39	40
1) 1⋯6	(9) 2⋯9	(1) 4⋯9	(9) 2⋯4	(1) 1⋯4	(9) 1⋯5	(1) 3⋯3	(9) 1⋯21
2) 5⋯7	(10) 3⋯3	(2) 2⋯6	(10) 3⋯5	(2) 2⋯2	(10) 4⋯7	(2) 2⋯2	(10) 2⋯8
3) 2⋯2	(11) 4⋯10	(3) 5⋯7	(11) 5⋯3	(3) 8⋯2	(11) 5⋯3	(3) 1⋯9	(11) 4⋯12
4) 4⋯4	(12) 5⋯11	(4) 6⋯3	(12) 3⋯11	(4) 4⋯9	(12) 9⋯8	(4) 4⋯14	(12) 4⋯13
5) 3⋯4	(13) 1⋯4	(5) 1⋯41	(13) 1⋯25	(5) 3⋯9	(13) 2⋯5	(5) 3⋯2	(13) 2⋯6
6) 3⋯2	(14) 4⋯5	(6) 2⋯19	(14) 4⋯6	(6) 4⋯8	(14) 3⋯3	(6) 4⋯10	(14) 3⋯9
7) 3⋯5	(15) 2⋯3	(7) 3⋯5	(15) 2⋯15	(7) 2⋯11	(15) 2⋯16	(7) 3⋯7	(15) 5⋯11
8) 4⋯17	(16) 4⋯13	(8) 5⋯10	(16) 7⋯11	(8) 4⋯1	(16) 5⋯7	(8) 3⋯3	(16) 5⋯6

MF02

1	2	3	4	5	6	7	8
1) 1⋯9	(9) 3⋯6	(1) 1⋯9	(9) 2⋯15	(1) 1⋯21	(9) 1⋯8	(1) 1⋯12	(9) 2⋯3
2) 2⋯9	(10) 5⋯1	(2) 1⋯19	(10) 3⋯8	(2) 2⋯4	(10) 1⋯21	(2) 1⋯18	(10) 1⋯17
3) 3⋯2	(11) 2⋯1	(3) 2⋯16	(11) 3⋯4	(3) 2⋯6	(11) 2⋯12	(3) 1⋯31	(11) 1⋯31
4) 4⋯9	(12) 3⋯4	(4) 2⋯11	(12) 2⋯2	(4) 2⋯15	(12) 1⋯15	(4) 1⋯37	(12) 2⋯1
5) 3⋯8	(13) 6⋯5	(5) 2⋯21	(13) 1⋯16	(5) 1⋯26	(13) 2⋯12	(5) 1⋯33	(13) 1⋯35
6) 4⋯1	(14) 5⋯7	(6) 2⋯2	(14) 3⋯3	(6) 2⋯5	(14) 1⋯32	(6) 1⋯36	(14) 1⋯15
7) 5⋯2	(15) 2⋯1	(7) 3⋯3	(15) 3⋯7	(7) 2⋯12	(15) 2⋯17	(7) 2⋯2	(15) 1⋯10
8) 5⋯2	(16) 3⋯15	(8) 3⋯11	(16) 2⋯15	(8) 2⋯18	(16) 2⋯2	(8) 2⋯1	(16) 1⋯33

MF02

9	10	11	12	13	14	15	16
(1) 1···9	(9) 1···26	(1) 1···9	(9) 1···17	(1) 1···9	(9) 1···6	(1) 1···9	(9) 1···[illegible]
(2) 1···27	(10) 1···8	(2) 1···19	(10) 1···27	(2) 1···10	(10) 1···17	(2) 1···7	(10) 1···[illegible]
(3) 1···33	(11) 1···38	(3) 1···24	(11) 1···22	(3) 1···18	(11) 1···18	(3) 1···11	(11) 1···[illegible]
(4) 1···39	(12) 1···13	(4) 1···30	(12) 1···8	(4) 1···15	(12) 1···11	(4) 1···15	(12) 1···[illegible]
(5) 1···13	(13) 1···43	(5) 1···9	(13) 1···11	(5) 1···4	(13) 1···17	(5) 1···6	(13) 1···[illegible]
(6) 1···18	(14) 1···32	(6) 1···17	(14) 1···34	(6) 1···20	(14) 1···25	(6) 1···9	(14) 1···[illegible]
(7) 1···42	(15) 1···21	(7) 1···25	(15) 1···25	(7) 1···9	(15) 1···14	(7) 1···5	(15) 1···[illegible]
(8) 1···26	(16) 1···26	(8) 1···31	(16) 1···14	(8) 1···16	(16) 1···11	(8) 1···8	(16) 1···[illegible]

MF02

17	18	19	20	21	22	23	24
(1) 2···7	(9) 2···10	(1) 1···21	(9) 1···26	(1) 2···10	(9) 2···2	(1) 1···20	(9) 1···[illegible]
(2) 3···6	(10) 2···13	(2) 2···20	(10) 2···10	(2) 2···17	(10) 2···9	(2) 1···32	(10) 1···[illegible]
(3) 4···1	(11) 3···5	(3) 3···19	(11) 2···11	(3) 3···3	(11) 2···8	(3) 2···11	(11) 1···[illegible]
(4) 4···2	(12) 3···3	(4) 2···2	(12) 1···26	(4) 3···17	(12) 2···22	(4) 2···12	(12) 2···[illegible]
(5) 4···1	(13) 3···2	(5) 3···6	(13) 2···14	(5) 3···16	(13) 2···6	(5) 2···1	(13) 1···[illegible]
(6) 5···9	(14) 3···5	(6) 3···16	(14) 2···20	(6) 3···11	(14) 2···23	(6) 2···2	(14) 2···[illegible]
(7) 3···15	(15) 2···13	(7) 2···12	(15) 2···17	(7) 3···1	(15) 2···16	(7) 2···15	(15) 2···[illegible]
(8) 3···15	(16) 3···6	(8) 2···27	(16) 2···18	(8) 3···12	(16) 2···23	(8) 2···14	(16) 1···[illegible]

MF02

25	26	27	28	29	30	31	32
) 1…28	(9) 1…24	(1) 1…11	(9) 1…15	(1) 1…18	(9) 1…11	(1) 1…16	(9) 1…17
) 2…4	(10) 2…5	(2) 1…17	(10) 1…24	(2) 1…21	(10) 1…8	(2) 1…8	(10) 1…22
) 2…22	(11) 1…31	(3) 1…37	(11) 1…41	(3) 1…23	(11) 1…8	(3) 1…15	(11) 1…2
) 2…25	(12) 2…4	(4) 1…39	(12) 1…29	(4) 1…20	(12) 1…13	(4) 1…4	(12) 1…5
) 2…9	(13) 2…1	(5) 2…7	(13) 1…37	(5) 1…11	(13) 1…10	(5) 1…21	(13) 1…6
) 2…1	(14) 2…3	(6) 1…26	(14) 1…25	(6) 1…5	(14) 1…7	(6) 1…17	(14) 1…9
) 2…8	(15) 1…39	(7) 1…33	(15) 1…19	(7) 1…12	(15) 1…18	(7) 1…3	(15) 1…18
) 2…20	(16) 2…3	(8) 2…3	(16) 1…35	(8) 1…8	(16) 1…4	(8) 1…7	(16) 1…13

MF02

33	34	35	36	37	38	39	40
) 5…3	(9) 2…14	(1) 5…9	(9) 2…12	(1) 5…12	(9) 3…1	(1) 3…1	(9) 3…7
) 2…4	(10) 2…4	(2) 3…10	(10) 2…1	(2) 3…16	(10) 2…2	(2) 1…31	(10) 2…3
) 2…6	(11) 2…2	(3) 2…5	(11) 3…6	(3) 1…18	(11) 2…31	(3) 5…1	(11) 1…13
) 1…19	(12) 1…15	(4) 2…15	(12) 1…22	(4) 2…4	(12) 1…23	(4) 2…5	(12) 7…11
) 1…36	(13) 4…1	(5) 1…9	(13) 6…6	(5) 2…5	(13) 1…28	(5) 1…15	(13) 2…6
) 1…19	(14) 1…14	(6) 1…7	(14) 1…9	(6) 1…13	(14) 1…3	(6) 4…3	(14) 1…5
) 1…19	(15) 1…21	(7) 1…13	(15) 1…18	(7) 1…6	(15) 1…14	(7) 1…7	(15) 1…11
) 1…18	(16) 1…12	(8) 1…8	(16) 1…16	(8) 1…5	(16) 5…5	(8) 1…12	(16) 1…21

MF03

1	2	3	4	5	6	7	8
(1) 1···7	(9) 2···6	(1) 3···1	(9) 2···12	(1) 1···7	(9) 1···12	(1) 3···7	(9) 3···
(2) 1···14	(10) 3···7	(2) 2···8	(10) 5···5	(2) 1···23	(10) 2···14	(2) 2···12	(10) 2···
(3) 3···4	(11) 3···11	(3) 2···14	(11) 3···2	(3) 1···16	(11) 2···26	(3) 3···9	(11) 4···
(4) 3···5	(12) 3···9	(4) 2···10	(12) 6···12	(4) 1···14	(12) 4···2	(4) 3···11	(12) 2···
(5) 4···4	(13) 3···13	(5) 5···10	(13) 4···10	(5) 2···8	(13) 2···8	(5) 2···24	(13) 2···
(6) 4···2	(14) 5···5	(6) 3···3	(14) 6···8	(6) 3···6	(14) 2···18	(6) 3···12	(14) 3···
(7) 4···8	(15) 5···5	(7) 5···10	(15) 7···6	(7) 3···14	(15) 3···15	(7) 2···20	(15) 3···
(8) 8···2	(16) 6···6	(8) 5···5	(16) 3···16	(8) 2···12	(16) 3···8	(8) 3···18	(16) 3···

MF03

9	10	11	12	13	14	15	16
(1) 4···2	(9) 6···5	(1) 3···6	(9) 6···1	(1) 2···7	(9) 2···10	(1) 4···3	(9) 3···
(2) 3···3	(10) 6···2	(2) 4···4	(10) 6···3	(2) 2···13	(10) 4···3	(2) 3···4	(10) 2···
(3) 5···6	(11) 3···5	(3) 5···4	(11) 6···2	(3) 3···2	(11) 3···1	(3) 3···3	(11) 4···
(4) 4···2	(12) 2···3	(4) 7···1	(12) 3···5	(4) 2···8	(12) 3···2	(4) 3···9	(12) 2···
(5) 4···6	(13) 6···4	(5) 2···3	(13) 7···4	(5) 2···2	(13) 3···2	(5) 2···3	(13) 3···
(6) 5···3	(14) 3···2	(6) 4···4	(14) 6···2	(6) 2···3	(14) 3···5	(6) 3···9	(14) 2···
(7) 4···1	(15) 5···6	(7) 4···4	(15) 4···6	(7) 3···8	(15) 3···2	(7) 3···11	(15) 2···
(8) 5···3	(16) 3···7	(8) 5···1	(16) 5···4	(8) 1···18	(16) 2···4	(8) 3···1	(16) 3···

MF03

17	18	19	20	21	22	23	24
) 3…6	(9) 4…2	(1) 4…3	(9) 8…6	(1) 2…3	(9) 1…33	(1) 2…1	(9) 2…5
) 3…4	(10) 2…2	(2) 2…6	(10) 2…2	(2) 2…1	(10) 1…8	(2) 2…8	(10) 1…18
) 2…8	(11) 2…4	(3) 3…1	(11) 2…2	(3) 1…21	(11) 2…2	(3) 1…32	(11) 2…5
) 2…1	(12) 2…6	(4) 2…1	(12) 2…2	(4) 1…23	(12) 1…30	(4) 1…24	(12) 1…31
) 3…7	(13) 3…5	(5) 2…6	(13) 2…1	(5) 2…2	(13) 1…32	(5) 1…32	(13) 2…2
) 4…5	(14) 2…7	(6) 3…5	(14) 4…11	(6) 2…11	(14) 2…2	(6) 2…7	(14) 2…7
) 1…10	(15) 4…12	(7) 2…5	(15) 3…18	(7) 1…35	(15) 2…4	(7) 2…6	(15) 1…11
) 3…2	(16) 2…17	(8) 4…18	(16) 2…8	(8) 1…21	(16) 1…13	(8) 1…17	(16) 1…16

MF03

25	26	27	28	29	30	31	32
) 3…1	(9) 5…3	(1) 5…6	(9) 4…4	(1) 4…6	(9) 6…6	(1) 5…1	(9) 4…1
) 3…3	(10) 3…1	(2) 2…3	(10) 3…4	(2) 4…3	(10) 2…21	(2) 3…3	(10) 3…15
) 4…3	(11) 3…13	(3) 2…3	(11) 5…7	(3) 2…19	(11) 2…8	(3) 2…8	(11) 2…16
) 4…2	(12) 3…2	(4) 5…3	(12) 3…8	(4) 5…11	(12) 4…1	(4) 2…1	(12) 2…6
) 2…4	(13) 2…10	(5) 3…2	(13) 4…7	(5) 3…15	(13) 6…1	(5) 5…7	(13) 3…8
) 5…10	(14) 5…3	(6) 5…4	(14) 3…3	(6) 2…26	(14) 3…3	(6) 1…21	(14) 5…1
) 3…9	(15) 4…1	(7) 3…9	(15) 3…3	(7) 2…6	(15) 2…7	(7) 1…6	(15) 2…23
) 2…17	(16) 2…20	(8) 2…4	(16) 8…4	(8) 1…23	(16) 1…11	(8) 3…4	(16) 1…13

MF03

33	34	35	36	37	38	39	40
(1) 4⋯2	(9) 2⋯8	(1) 4⋯13	(9) 3⋯6	(1) 3⋯10	(9) 8⋯1	(1) 2⋯6	(9) 6⋯
(2) 5⋯2	(10) 2⋯8	(2) 3⋯5	(10) 2⋯14	(2) 4⋯4	(10) 3⋯22	(2) 2⋯4	(10) 3⋯
(3) 5⋯8	(11) 2⋯8	(3) 4⋯13	(11) 2⋯4	(3) 4⋯14	(11) 5⋯6	(3) 2⋯2	(11) 2⋯
(4) 5⋯14	(12) 1⋯44	(4) 5⋯3	(12) 1⋯42	(4) 2⋯7	(12) 2⋯2	(4) 1⋯25	(12) 2⋯
(5) 2⋯13	(13) 3⋯1	(5) 3⋯11	(13) 2⋯6	(5) 3⋯4	(13) 2⋯2	(5) 5⋯1	(13) 4⋯
(6) 2⋯19	(14) 2⋯18	(6) 2⋯14	(14) 2⋯8	(6) 2⋯7	(14) 4⋯9	(6) 2⋯23	(14) 3⋯
(7) 3⋯1	(15) 2⋯18	(7) 3⋯11	(15) 2⋯10	(7) 2⋯5	(15) 2⋯10	(7) 4⋯12	(15) 1⋯
(8) 3⋯6	(16) 2⋯4	(8) 2⋯26	(16) 2⋯1	(8) 2⋯5	(16) 4⋯8	(8) 3⋯3	(16) 1⋯

MF04

1	2	3	4	5	6	7	8
(1) 5	(9) 3⋯3	(1) 1⋯4	(9) 1⋯29	(1) 2	(9) 1⋯6	(1) 3⋯8	(9) 1⋯
(2) 3⋯10	(10) 2	(2) 1⋯2	(10) 4⋯9	(2) 3⋯10	(10) 3⋯7	(2) 4⋯2	(10) 2⋯
(3) 4	(11) 4⋯8	(3) 6⋯1	(11) 3⋯2	(3) 1⋯8	(11) 5⋯1	(3) 2⋯2	(11) 3⋯
(4) 6⋯3	(12) 2⋯3	(4) 2⋯4	(12) 2⋯2	(4) 5⋯8	(12) 3⋯5	(4) 2⋯4	(12) 5⋯
(5) 3⋯4	(13) 3⋯1	(5) 3	(13) 3⋯4	(5) 3⋯6	(13) 3⋯2	(5) 3	(13) 3⋯
(6) 1⋯4	(14) 5⋯1	(6) 4⋯2	(14) 2	(6) 2	(14) 2⋯14	(6) 1⋯12	(14) 3⋯
(7) 5⋯4	(15) 3	(7) 3⋯12	(15) 5⋯8	(7) 2⋯2	(15) 2	(7) 2⋯10	(15) 5
(8) 2⋯2	(16) 2⋯4	(8) 6⋯3	(16) 5⋯2	(8) 2⋯4	(16) 4⋯8	(8) 3⋯13	(16) 4⋯

MF04

9	10	11	12	13	14	15	16
5	(9) 1…14	(1) 2…5	(9) 3…17	(1) 3…10	(9) 3…7	(1) 1…31	(9) 1…39
4…1	(10) 2	(2) 3…7	(10) 2…5	(2) 1…12	(10) 4…5	(2) 6…2	(10) 2…5
3…11	(11) 2…14	(3) 1…12	(11) 5…4	(3) 7…9	(11) 8…7	(3) 3	(11) 2…3
2…5	(12) 5…6	(4) 5…2	(12) 1…5	(4) 6…2	(12) 2	(4) 2…8	(12) 8…6
3…4	(13) 3…2	(5) 3…2	(13) 2…2	(5) 2…6	(13) 1…15	(5) 4…6	(13) 4…4
2…12	(14) 3…5	(6) 4	(14) 3…4	(6) 3…9	(14) 4…6	(6) 3…2	(14) 3…1
2…3	(15) 3…3	(7) 6…7	(15) 6	(7) 2	(15) 2…9	(7) 2…10	(15) 7
4…4	(16) 3…3	(8) 2…7	(16) 4…13	(8) 4…3	(16) 5…5	(8) 5…8	(16) 6…11

MF04

17	18	19	20	21	22	23	24
) 5…3	(9) 4…3	(1) 2…1	(9) 1…32	(1) 1…5	(9) 2…3	(1) 3…5	(9) 3…5
) 5…3	(10) 2	(2) 4…8	(10) 2…3	(2) 4…6	(10) 4…8	(2) 2…15	(10) 1…15
) 1…14	(11) 7…5	(3) 1…12	(11) 5…5	(3) 2	(11) 1…10	(3) 6…3	(11) 5
) 4…8	(12) 1…45	(4) 6…2	(12) 2…10	(4) 5…3	(12) 5…13	(4) 1…10	(12) 2…6
) 3…4	(13) 3…5	(5) 4	(13) 3	(5) 3…2	(13) 2	(5) 2…9	(13) 4…6
) 2…4	(14) 5…1	(6) 2…4	(14) 3…4	(6) 2…6	(14) 2…10	(6) 4	(14) 4…3
) 2	(15) 2…5	(7) 5…5	(15) 7…2	(7) 1…24	(15) 7…1	(7) 2…2	(15) 2…7
) 6…2	(16) 6…11	(8) 2…3	(16) 2…5	(8) 4…2	(16) 8…2	(8) 3…7	(16) 7…4

MF04

25	26	27	28	29	30	31	32
(1) 1…18	(9) 1…4	(1) 3…8	(9) 1…18	(1) 3…2	(9) 2…17	(1) 1…17	(9) 2·
(2) 4…11	(10) 6…4	(2) 5…6	(10) 2…16	(2) 4…3	(10) 6…6	(2) 4…16	(10) 1··
(3) 6…3	(11) 4…2	(3) 3	(11) 4…6	(3) 6	(11) 4	(3) 3	(11) 2·
(4) 1…35	(12) 2…7	(4) 2…8	(12) 2…5	(4) 4…2	(12) 7…3	(4) 2…25	(12) 4·
(5) 4…11	(13) 6…7	(5) 2…5	(13) 4…5	(5) 1…16	(13) 4…14	(5) 2…5	(13) 6
(6) 2	(14) 3…1	(6) 4…10	(14) 3…5	(6) 2…11	(14) 2…5	(6) 2…14	(14) 3·
(7) 2…5	(15) 3	(7) 1…10	(15) 3	(7) 2…5	(15) 5…8	(7) 6…10	(15) 5·
(8) 5…8	(16) 5…9	(8) 7…8	(16) 5…13	(8) 5…7	(16) 2…1	(8) 5…4	(16) 2··

MF04

33	34	35	36	37	38	39	40
(1) 3…6	(9) 1…11	(1) 3…6	(9) 1…13	(1) 1…8	(9) 3…5	(1) 1…25	(9) 2··
(2) 4…5	(10) 2…1	(2) 6…1	(10) 2…1	(2) 2	(10) 3	(2) 5	(10) 6
(3) 1…24	(11) 6…7	(3) 3	(11) 5…9	(3) 2…15	(11) 4…12	(3) 2…15	(11) 1··
(4) 5…6	(12) 3…17	(4) 8…10	(12) 7…4, 7, 4, 88	(4) 7…1	(12) 3…5, 3, 5, 92	(4) 4…9	(12) 5·· 5, 7, 9
(5) 3…6	(13) 4…7	(5) 2…14	(13) 3…8	(5) 3…7	(13) 3…9	(5) 2…4	(13) 3··
(6) 2	(14) 7…5	(6) 1…46	(14) 5	(6) 4…4	(14) 5…2	(6) 3…5	(14) 2··
(7) 6…8	(15) 2…11	(7) 4…17	(15) 2…2	(7) 3…10	(15) 1…33	(7) 2…8	(15) 4··
(8) 2…3	(16) 3	(8) 2…24	(16) 2…9, 2, 9, 45	(8) 8…5	(16) 6…9, 6, 9, 81	(8) 7…6	(16) 3·· 3, 2, 7

연산 UP

1	2	3	4
1) 3	(9) 5…4	(1) 4…4	(9) 2…4
2) 2	(10) 5…2	(2) 3…5	(10) 2…3
3) 3	(11) 7…2	(3) 3…13	(11) 7…5
4) 5	(12) 6…5	(4) 4…3	(12) 3…5
5) 4	(13) 3…16	(5) 2…6	(13) 3…8
6) 3	(14) 5…14	(6) 3…5	(14) 3…6
7) 2	(15) 3…3	(7) 2…1	(15) 2…4
8) 2	(16) 4…4	(8) 1…9	(16) 2…5

연산 UP

5	6	7	8
1) 6…10	(9) 2…5	(1) 3	(9) 7
2) 2…2	(10) 5…13	(2) 2	(10) 2
3) 3…3	(11) 3…10	(3) 5	(11) 4
4) 2…2	(12) 2…1	(4) 5	(12) 4
5) 3…12	(13) 2…1	(5) 2	(13) 3
6) 1…3	(14) 3…8	(6) 3	(14) 5
7) 4…10	(15) 1…6	(7) 3	(15) 2
8) 3…8	(16) 1…9	(8) 2	(16) 2

연산 UP

9	10	11	12
(1) 3…4, 4…8	(7) 2…3, 3…8	(1) 5…1, 4…6	(7) 3…7, 2…6
(2) 3…3, 4…5	(8) 2…3, 2…6	(2) 4…7, 4…1	(8) 4…8, 3…4
(3) 3…4, 4…6	(9) 3…7, 2…2	(3) 6…3, 4…9	(9) 2…2, 2…16
(4) 5…2, 4…3	(10) 4…2, 3…1	(4) 5…3, 4…2	(10) 3…16, 4…6
(5) 5…3, 3…1	(11) 3…4, 1…8	(5) 5…4, 5…4	(11) 2…18, 2…4
(6) 3…2, 3…9	(12) 3…2, 1…11	(6) 5…2, 3…21	(12) 4…12, 3…3

연산 UP

13	14	15	16
(1) 4장	(4) 3가구	(1) 6개	(4) 2자루, 7 kg
(2) 5상자	(5) 4도막	(2) 2개	(5) 3명, 12개
(3) 5통	(6) 4송이	(3) 7개	(6) 5도막, 10 cm